U0051765

Patchwork Quilt
by Yoko Saito

斉藤謠子の
好生活拼布集
幸福感滿點！
讓人心情愉悅の
隨身包・化妝包・布小物
Patchwork Quilt
by Yoko Saito

Introduction

隨身包、化妝包，或是身邊小物，如果都能作得漂漂亮亮的，心情是不是也會跟著雀躍起來呢？本書介紹的就是讓人每天都想使用的拼布作品，皆以新手也能輕易挑戰、小巧容易製作的設計為主，只要在布料及配色上稍作變化，就能創造出完全不同的感覺與味道。如果可作為提供讀者創作時的參考，我也會覺得相當開心呢！

斉藤謠子

Contents

隨身包

化妝包

布小物

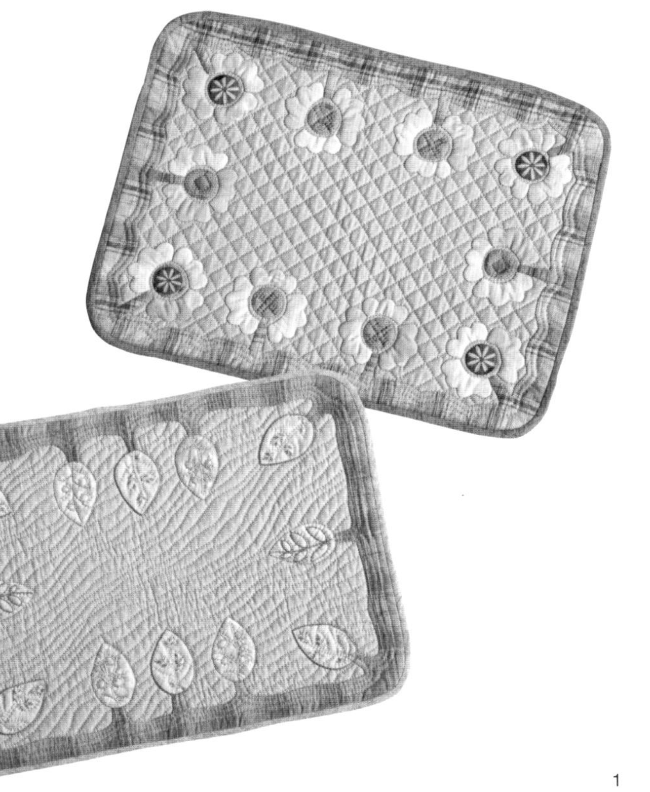

隨身包
Bag

單肩包

擁有寬幅側身的實用單肩包，
釦絆設計凸顯出木釦的質樸味，
最適合短時間外出時使用。

作法　P.47

no. 2

橫長托特包

典雅的底色，將明亮及藍色系布片
襯托得格外搶眼。
絕妙的配色提升設計感，
背面則沿著格紋製作壓線裝飾。

作法　P.40

no. 3

花朵貼布繡肩背包

典雅的對稱式花朵貼布繡，
搭上黑色的皮革提把，
時尚又有型。

作法　P.42

no. 4

貼布繡扁平包

駐足屋頂的小鳥與兩棵搖曳的大樹，
宛如擷取自童畫故事的夢幻畫面。
更特別的是，
提把是由側身拼接布延伸製作的。

作法 P.44

蜻蜓貼布繡手提包

美麗的迷你手提包，
袋物上的籬笆與蜻蜓貼布繡，
喚起了淡淡鄉愁，飄逸流動的壓線，
透露出秋天的氣息。

作法　P.50

no. 6

水桶包

橢圓袋底設計的水桶包，
交錯組合兩種拼布圖案，
優雅的色彩搭配圓點口布，
展現大人味的可愛風格。

作法　P.56
製作……中嶋恵子

no. 7

潘朵拉之盒
肩背包

可以肩背，收納力也很強的包款，
巧妙組合了明暗色系的布片，
營造出立體的「潘朵拉之盒」圖案。

作法　P.58

八角形圖案肩背包

附有外口袋的肩背包，
外出旅行或購物攜帶都很方便，
配色自然又富有輕快感的
「八角形」拼布圖案美麗極了！

作法　P.60

no. 9

提籃圖案梯形包

摩登的造型，
與袋身上的各色「提籃」圖案相互輝映，
提籃的提把以鎖鍊繡表現，
連細節都很講究。

作法 P.62

no. 10

圓形肩背包

由「瘋狂拼布」、「金字塔」、「六角形」及「扇形」四片拼接組合而成的俏麗包款，背面搭配玫瑰印花布料，別有一番味道。

作法 P.64

化妝包
Pouch

花朵貼布繡化妝包

藍色、紫色、紅色、粉紅……
精巧綻放的六朵花，
以紅色串珠拉鍊吊飾
加深低調的時尚氛圍。

作法　P.68
製作……山田数子

no. 12

抽褶化妝包

雅緻的配色與高雅大人味
條紋拼布的完美契合，
抽褶鼓起的造型，使收納空間更大，
是日常實用的隨身包。

作法　P.70

製作……水沢勝美

香水瓶／ AWABEES

no. 13

水杯圖案化妝包

寬厚的側身，
便於收納化妝品及隨身小物，
色調一致的水杯圖案，
傳遞出手作的溫暖。

作法 P.72

製作……河野久美子

白色花朵化妝包

結合馬賽克風格裝飾及可愛花朵的魅力化妝包，
背面配合印花圖案壓線，
綠色的拉鍊吊飾為作品的另一個亮點。

作法　P.74

製作……山田数子

水色花朵化妝包

淡雅色調的格紋布，
貼縫上成串的小花，可愛又俏麗！
拉鍊滾邊及袋底圓點印花
透露出女性愛美的心情。

作法　P.76

製作……中嶋恵子

布小物
Craft

no. 16

三角圖案束口包

在黑色底布上，均衡點綴三角形拼接圖案，
注入輕快元素，
如同果實般的繩飾，可愛又吸睛。

作法　P.80

no. 17

艾菲爾鐵塔 護照套

方便收納機票及護照的收納套，
在印有巴黎街景的布上，
貼縫艾菲爾鐵塔以及飛機圖案，超可愛！
旅行彷彿也變得更有趣了！

作法　P.82

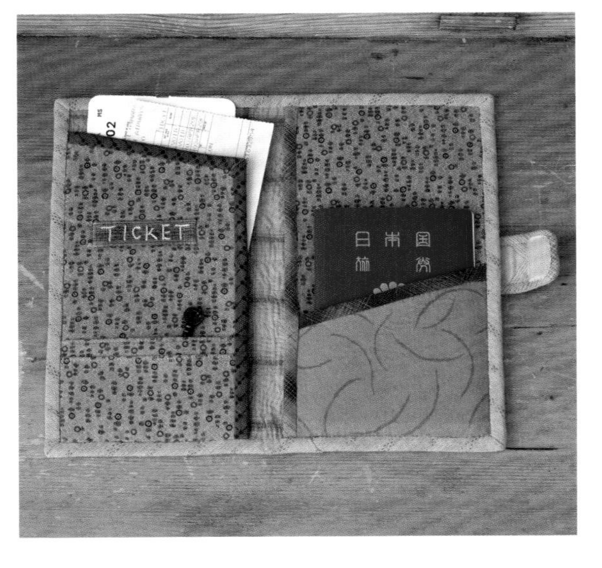

狗狗迷你包

重點在於擁有圓滾滾大眼睛的可愛狗狗貼布繡，
提著它和愛犬去散步，
肯定能夠吸引眾人目光！
包包拉鍊及項圈繡線選用了完美的紅色系搭配。

作法　P.53

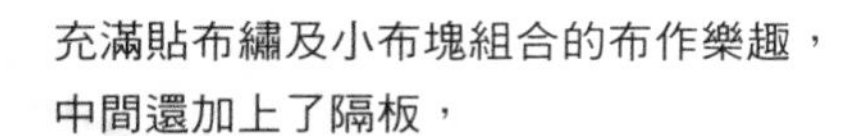

便條&鉛筆筒

充滿貼布繡及小布塊組合的布作樂趣，
中間還加上了隔板，
擺放於書桌或起居室，
心情就能得到撫慰呢！

作法　P.94
製作……船本里美

直尺・印章／AWABEES

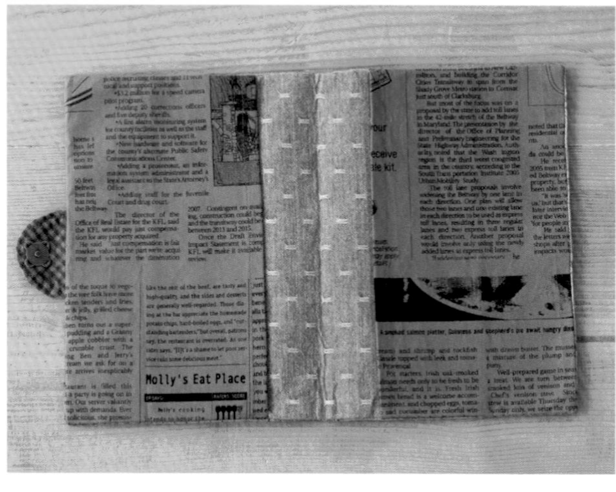

no. 20

筆記本套

結合圓形與數字的四角形拼接。
發揮玩心，變化數字大小及角度的大人味筆記本套，
巧妙的配色可展現妳的好品味。

作法　P.84

製作……林裕子

no.
21

鉛筆袋

將原本放在盒內的鉛筆、尺、橡皮擦
作成貼布繡圖案，洋溢著溫暖的手作感，
左右不同花色的格紋滾邊，
散發出一股潮味時尚。

作法　P.78
製作……林裕子

貓咪壁飾

乖巧趴在窗邊凝望的可愛貓咪壁飾，
要不要也試著將家中寵物圖像放入作品中呢？
讓每一片拼布都有滿滿的愛唷！

作法　P.86

製作……船本里美

no.
23

灰鵝抱枕套

色彩典雅的美麗雁鵝圖案抱枕，
與生活密切相關的動物作為圖案，
是傳統的拼布花色之一。

作法　P.88
製作……折見織江

no.
24

公雞抱枕套

存在感十足的公雞抱枕，
紅色雞冠及華麗尾巴為其最大特色，相同的設計，
只要改變布紋及配色，呈現出的印象就會大不相同。

作法　P.90

製作……折見織江

葉片＆花朵餐墊

有美麗的花朵及葉子餐墊相伴，
用餐氣氛變得更加愉快了！
沉穩的色調，
營造優雅的餐桌氛圍。

作法　P.92
製作……石田照美

拼布必備工具

以下介紹幾款必備的拼布工具，
除此之外，請另外準備製作紙型的鉛筆與紙板，以及裁剪紙型的剪刀。

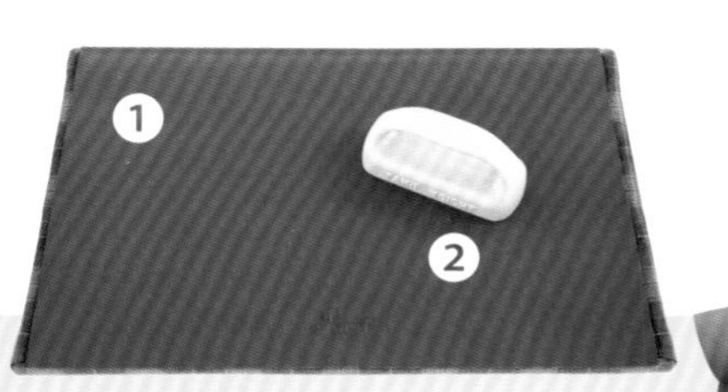

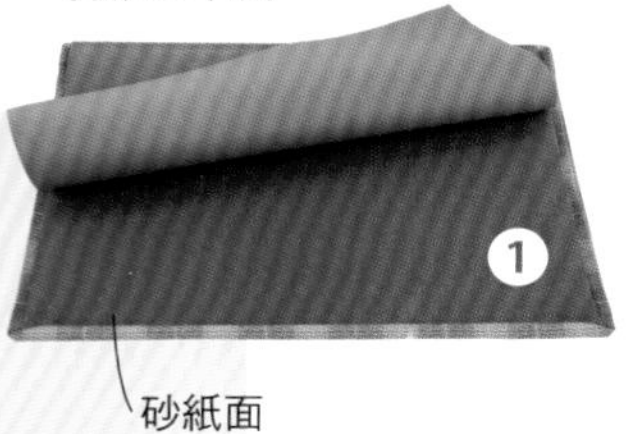

掀開外層

砂紙面

❶ 拼布板
表面是柔軟的皮革，
掀開後是砂紙。
背面可當燙墊使用。

❷ 布鎮
在進行壓線或貼布繡時，
可使用布鎮將布料固定。

❸ 尺

❹ 布用粉土筆
用於布上作記號。
白色、黑色及黃色
都是實用的顏色。

❺ 尖錐
用於製作紙型及整理
布的邊角。

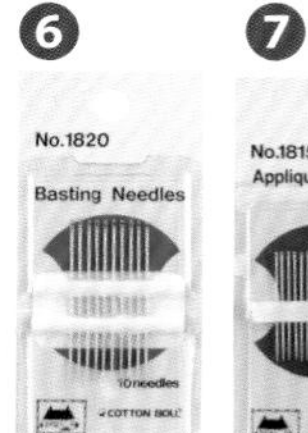

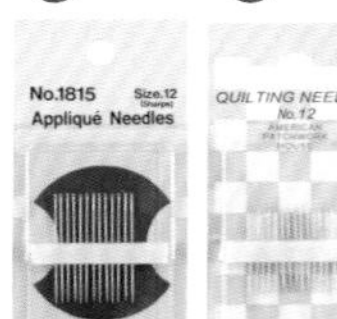

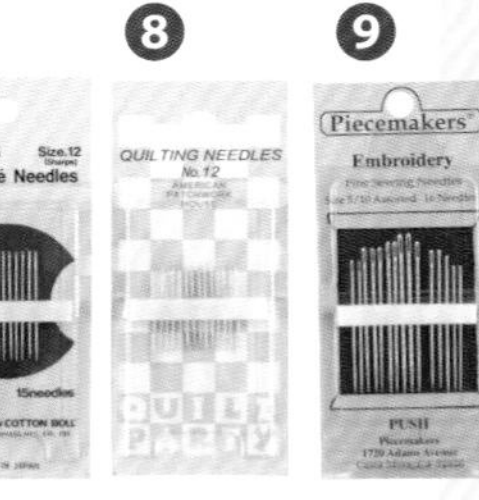

❻ 疏縫針
粗長的縫針。

❼ 拼布＆貼布繡針
短細的縫針。

❽ 壓線針
比7號針短且粗的針。

❾ 刺繡針
針孔較大的針。

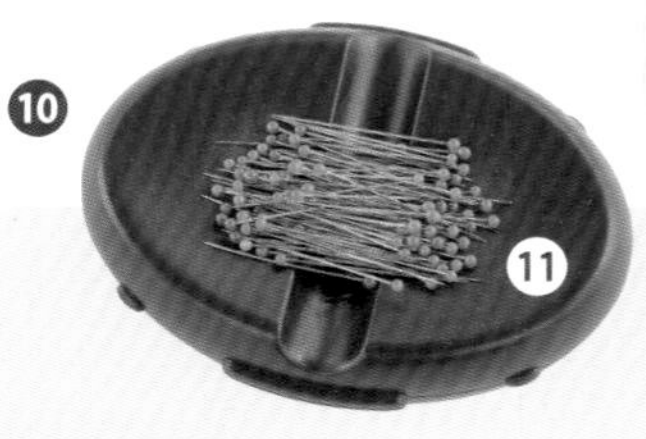

❿ 磁性針盒
由於磁力強可吸附珠針
便於收納。

⓫ 珠針
縫紉時使用。

⓬ 貼布繡珠針
頭較小也較短的珠針。

⓭ 剪線剪刀
專門用於剪線。

⓮ 布用剪刀
專門用於剪布，裁剪
鋪棉時，請使用剪紙
剪刀。

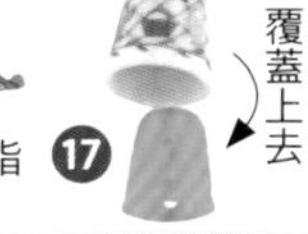

套入拇指

覆蓋上去

套入拇指

套入中指

覆蓋上去

套入中指

⓯ 切線用指套
套入手指上方
可直接將線剪斷。

⓰ 陶瓷頂針指套
平頂的指套。

⓱⓲ 橡皮指套
橡膠製的指套，
可防止針滑動。

⓳ 皮製頂針指套
用於按壓縫針。

⓴ 金屬頂針指套
用於防止縫針貫穿
皮製頂針。

㉑ 頂針
製作拼布時使用。

㉒ 疏縫線
便於使用的線
軸式疏縫線。

㉓ 拼布用線
可同時作為
拼布、貼布
繡及車縫使
用的細線。

㉔ 壓縫線
稍粗的線。

㉕ 繡線
25號繡線為2股線。

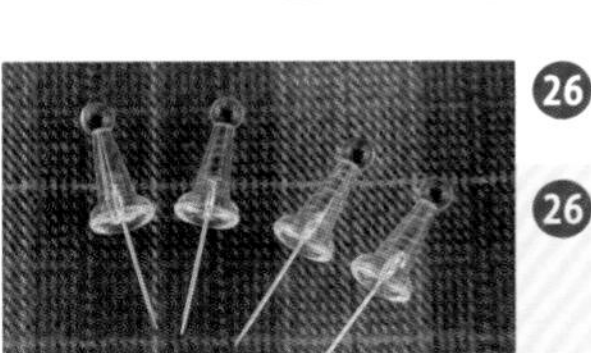

㉖ 圖釘
針腳比較長，
疏縫時使用。

㉗ 塑膠湯匙
在以圖釘固定的拼布上
進行疏縫時，可以湯匙抵
住針尖，輔助運針。

㉘ 骨筆
用於推壓拼布的縫份。

㉙ 針插

拼布基本功

●拼接布片

製作紙型

影印書上的圖案，描到厚紙板上，再沿著線裁剪。

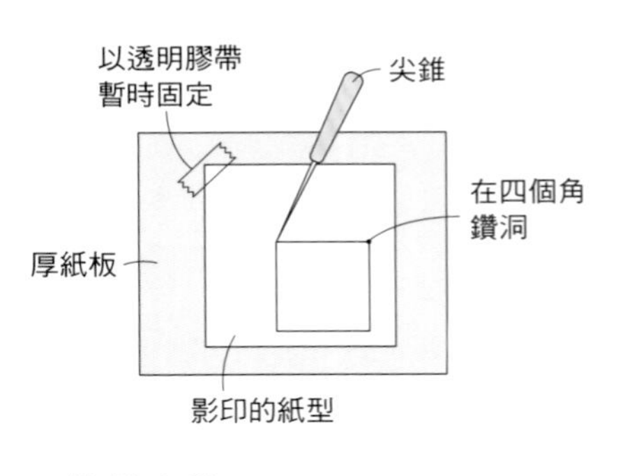

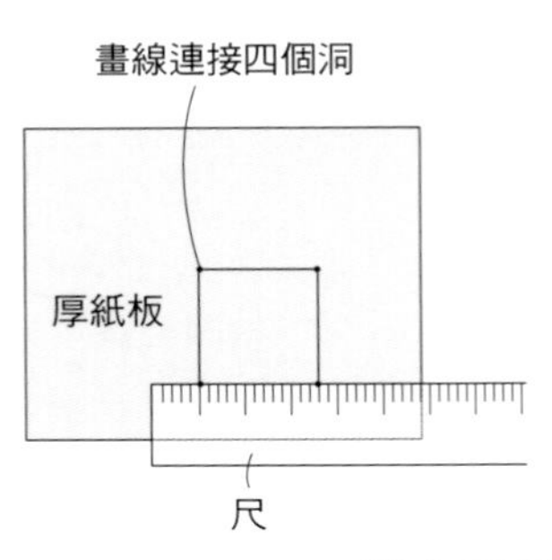

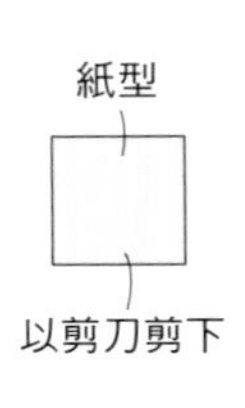

加上縫份的方法

布片的縫份為0.7cm。

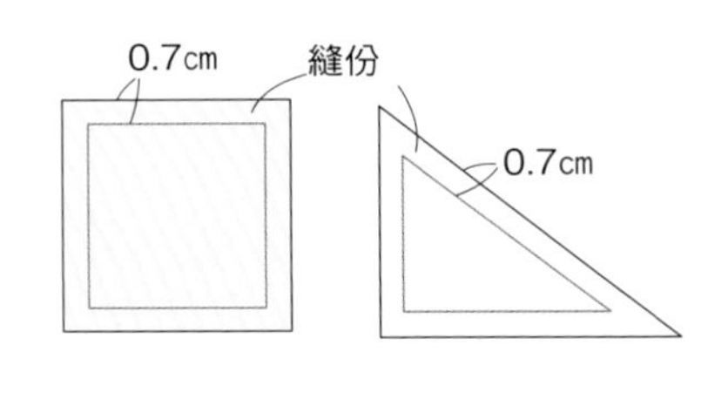

裁剪布片

在置於拼布板上的布片背面作記號，如果要裁很多片，較有效率的作法是用目測方式留出縫份再作記號。

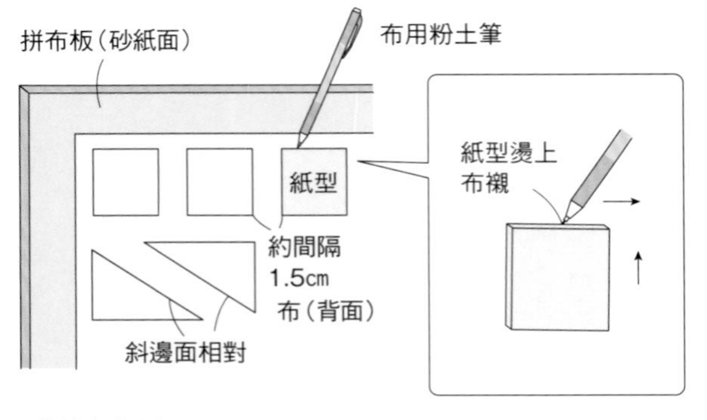

拼布用具及手勢

使用一股線，套上頂針進行平針縫（細針趾）。
不用剪刀，直接以切線用指套剪線，可加快速度。

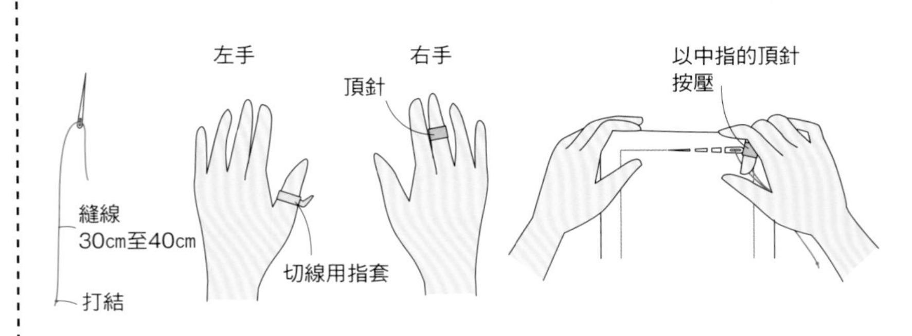

拼接方法

珠針依序先固定兩端再固定中間，始縫與止縫都需進行回針縫。

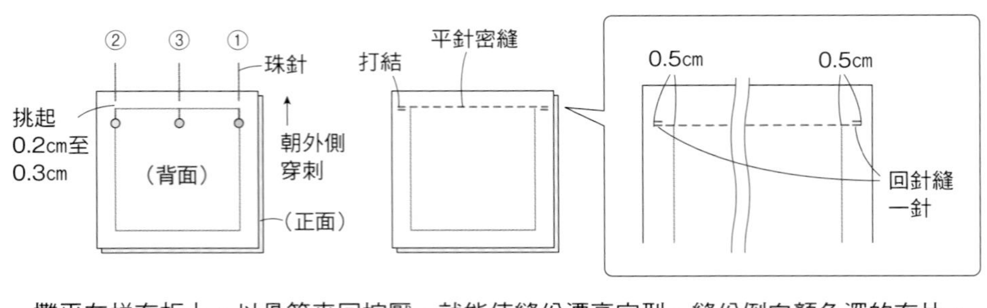

修齊縫份，距離縫線約0.1cm處向內摺。

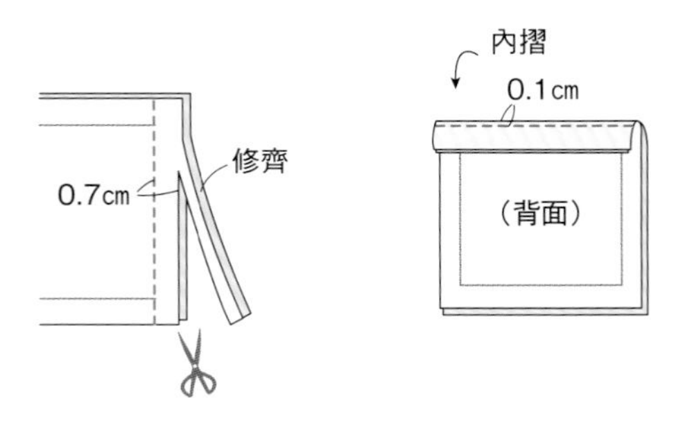

攤平在拼布板上，以骨筆來回按壓，就能使縫份漂亮定型。縫份倒向顏色深的布片。

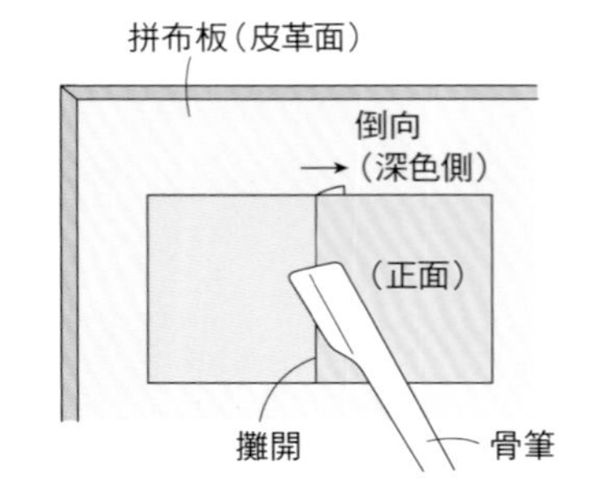

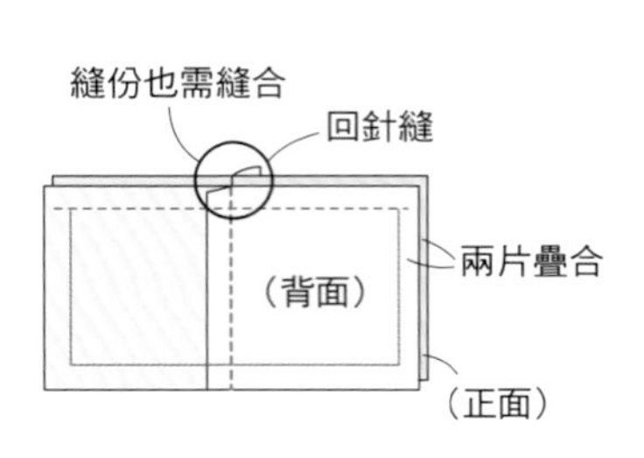

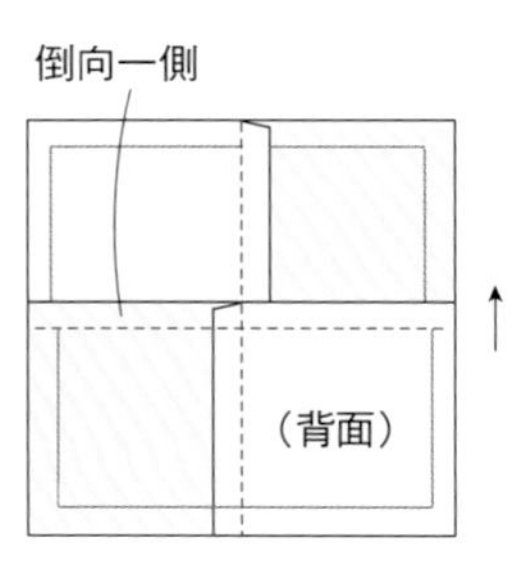

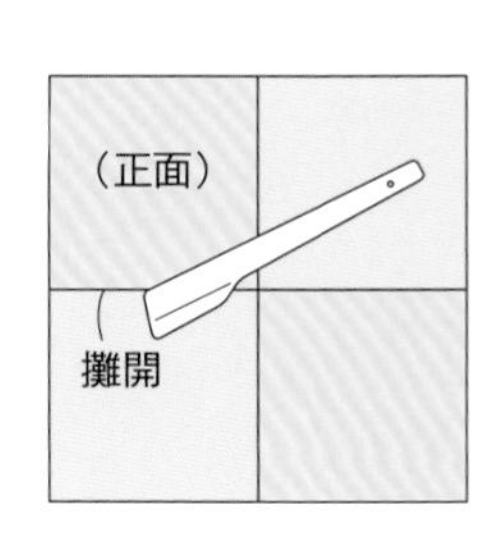

●拼縫布片

嵌入式拼縫

另外一種縫法為不將縫份縫製固定的「嵌入式」縫法。只縫到記號處，下一個布片避開縫份以嵌入方式縫合。

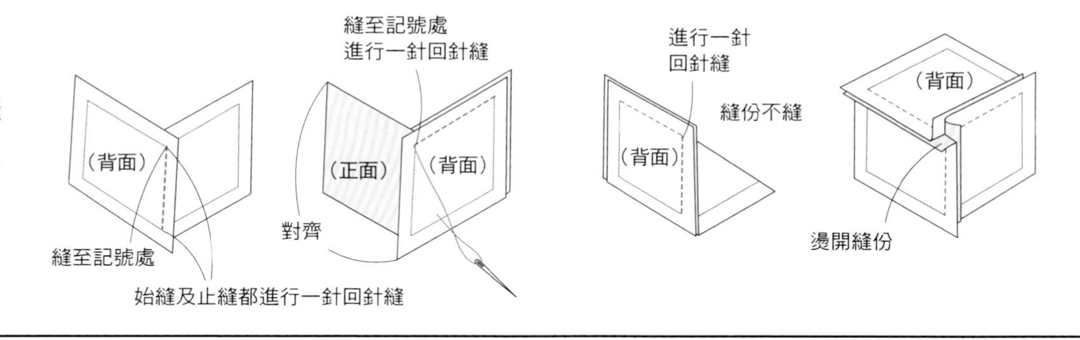

●貼布繡

在布料的背面作記號後裁下，以刮刀按壓縫線，縫份即會摺起。
在底布上複寫圖案，鋪放貼布繡用布，大布片使用刮刀，小布片於布料的正面作記號，再以針尖摺入縫份進行貼布縫。

將貼布繡鋪放在底布上，進行立針縫。

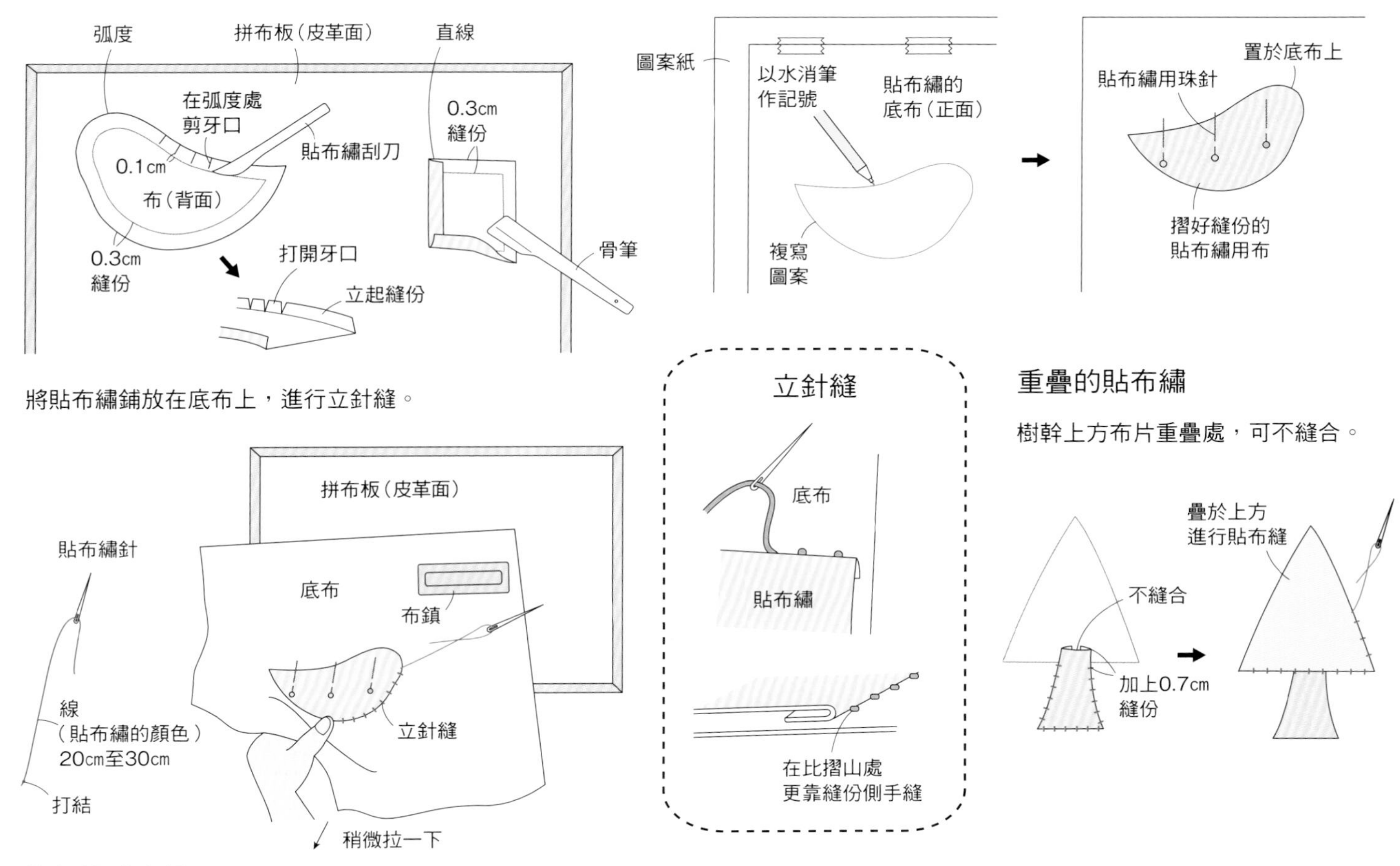

莖部的貼布繡

以斜紋布條製作細又彎的花莖，將內彎側接縫於底布上，再於外彎處進行藏針縫。

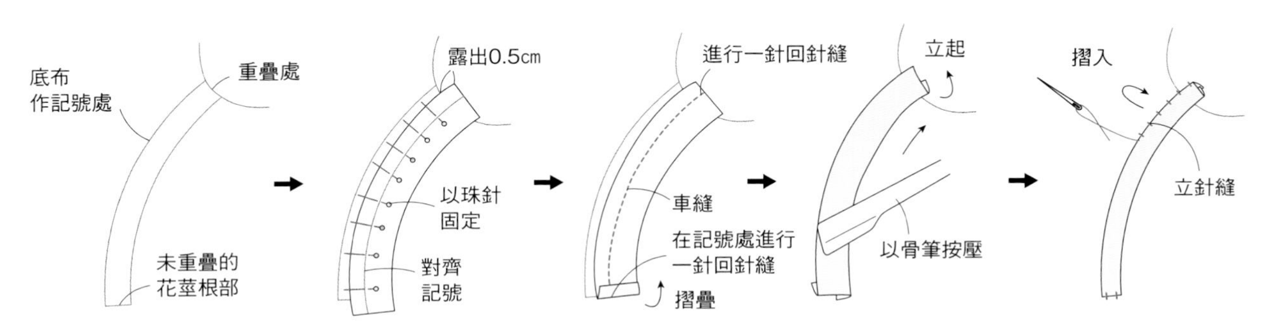

●刺繡

配合刺繡框及繡線的粗細使用適合的針製作，由於布的背面會以鋪棉覆蓋，所以以始縫結與止縫結來整理線頭。

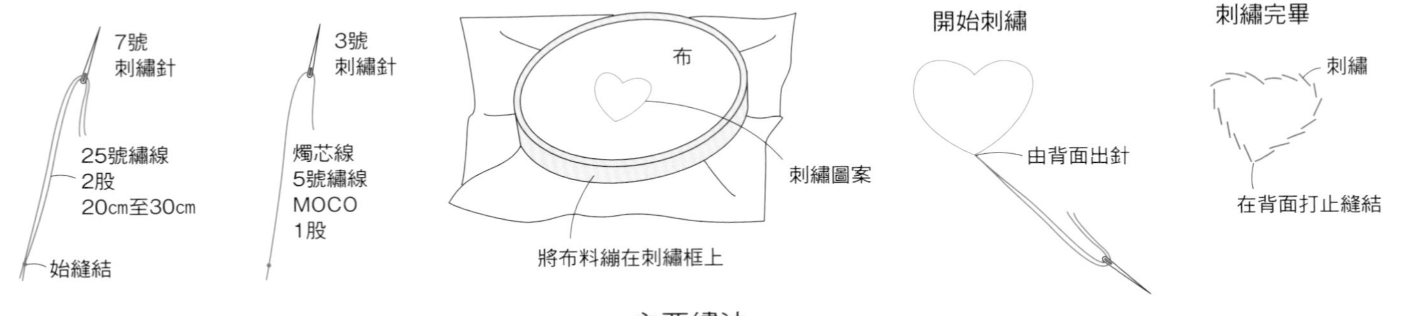

主要繡法

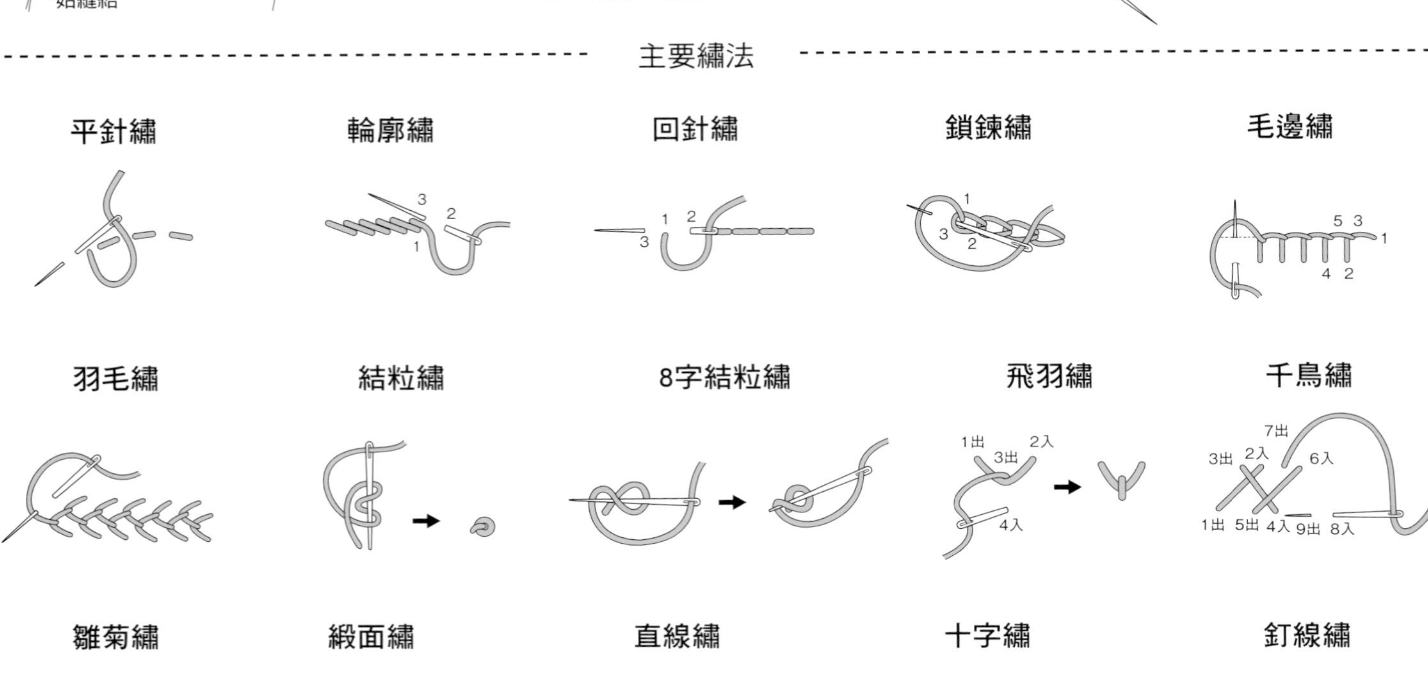

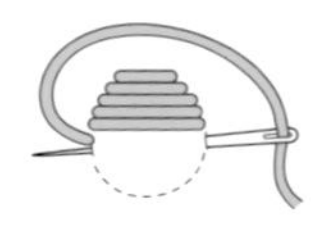

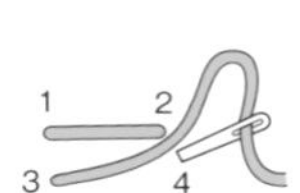

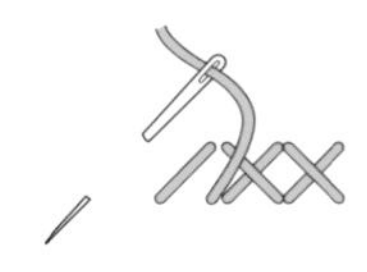

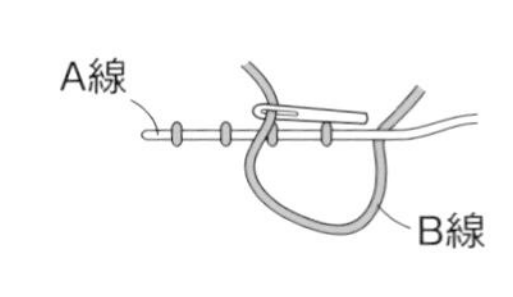

●畫壓縫線

以布用粉土筆在表布上作記號，但顏色不要太深。
格狀壓線以方眼尺來畫較為方便。
落針壓縫可以不畫線而以目測方式壓縫，
波浪狀壓線不需用尺，直接畫線即可。

格狀壓線

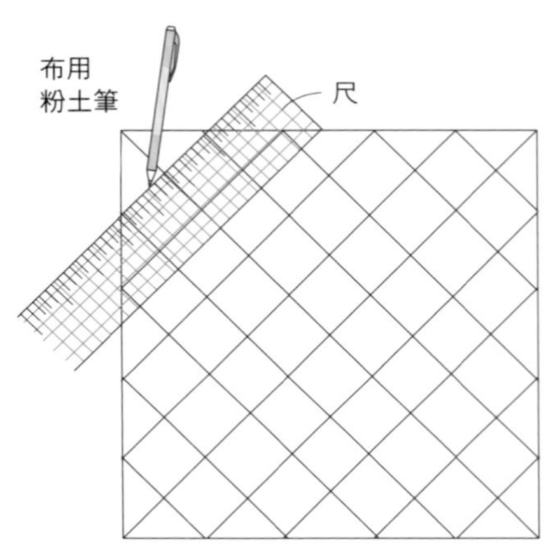

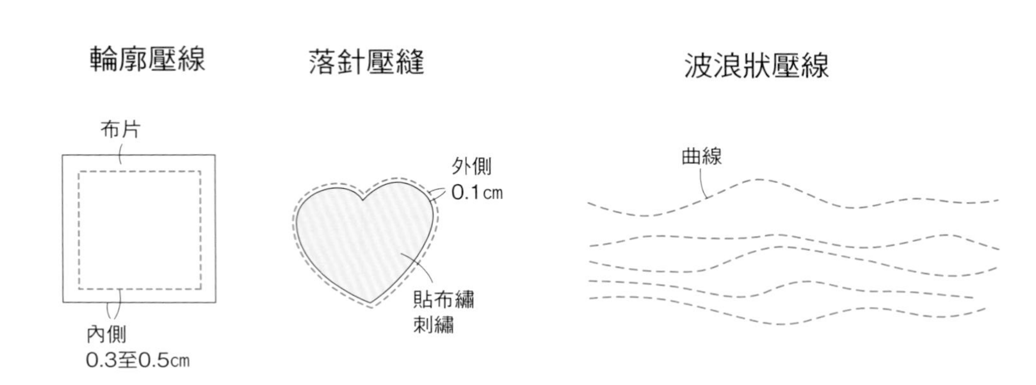

●疏縫

將一片大於拼布的板子置於榻榻米上進行疏縫。由下而上重疊加上3cm縫份的裡布、鋪棉及加上0.7cm的表布，然後以圖釘固定，由中心呈放射狀向外疏縫。以塑膠湯匙抵住針尖會更好握住針。

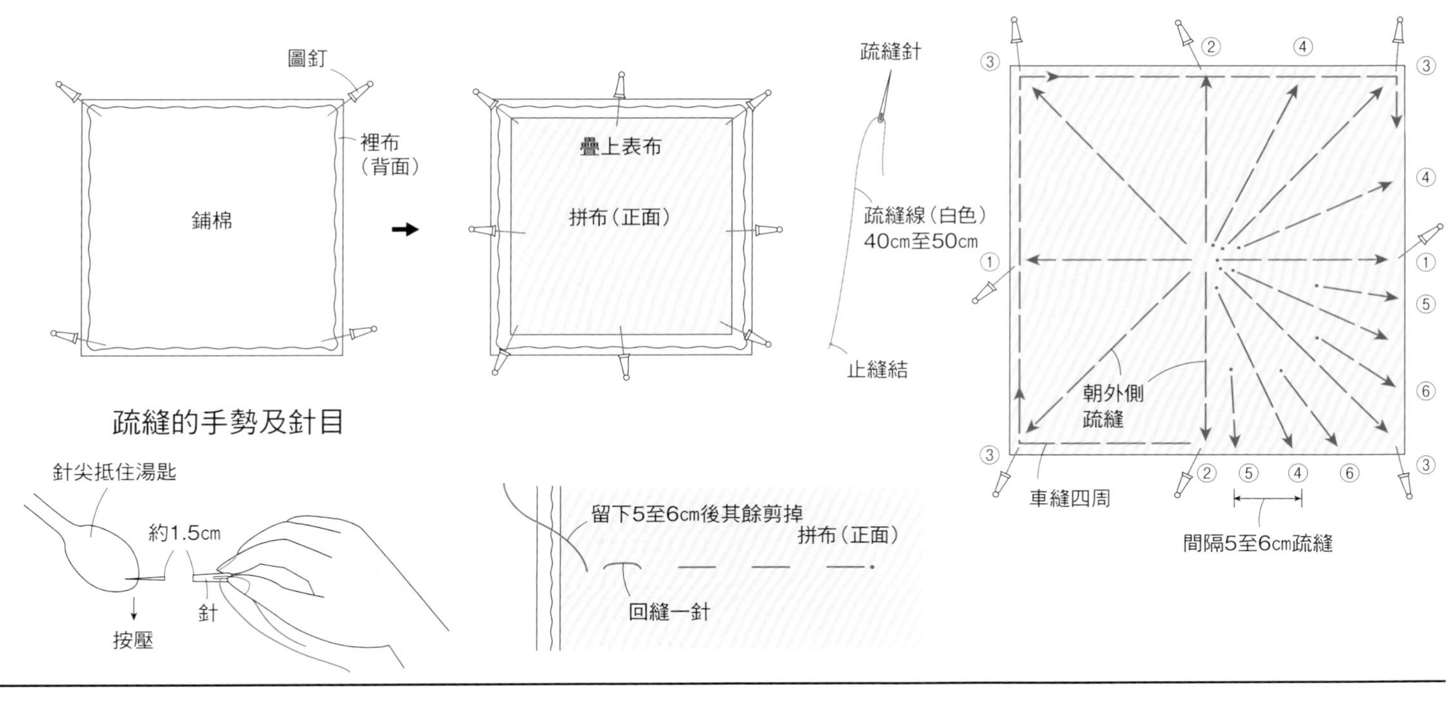

●壓線

表布、鋪棉及裡布三層疊合一起壓線。縫製時以右手將針壓入，以左手的頂針抵住針尖。

線＆頂針指套

右手中指套入按壓針的頂針指套，食指套入握針的橡皮頂針指套。左手食指或中指套入抵住針尖的頂針指套。

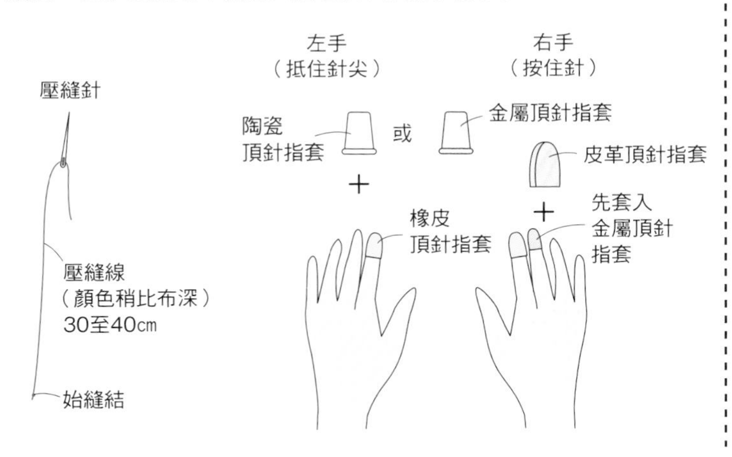

始縫＆止縫

由表布入針拉線，針目為1至2mm。縫完進行一針回針縫後剪線。

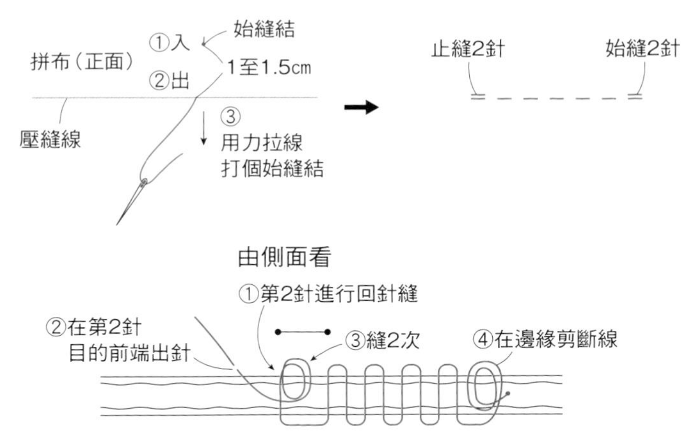

縫法

以右手中指按針，左手的頂針指套抵住針尖，以左手頂針指套的邊角將針由正面出針，壓縫數針後再握針拔出。

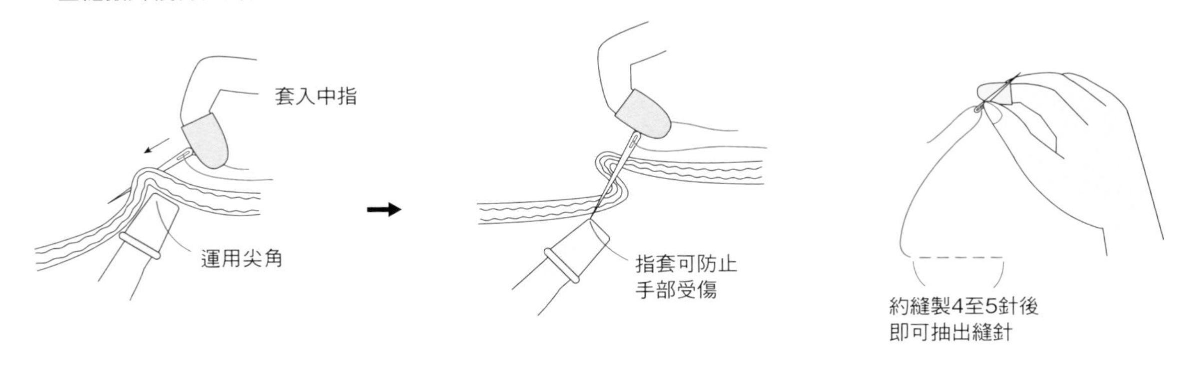

●壓線

使用布鎮壓線（不用繡框的小型作品）

將布放在拼布板上，再以重重的布鎮壓住，
一邊壓線一邊往製作者方向縫製，
在皮革面壓上布鎮，防止布片滑動，
便可順暢製作。

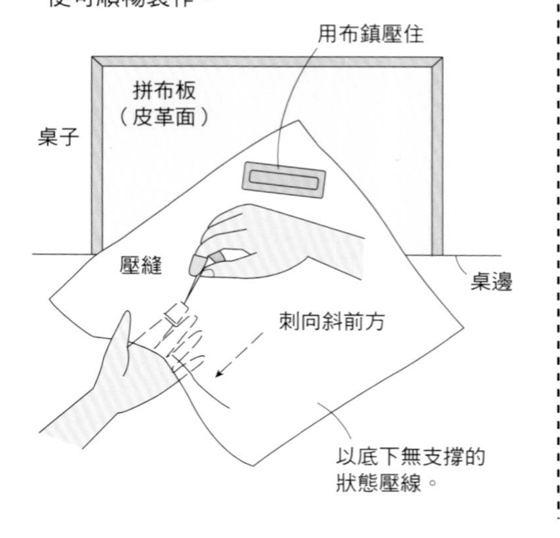

使用繡框壓線（大型作品）

以手掌按壓繡框中央，
使布鬆開一點。
繡框不用手握住而以腹部
頂在桌邊進行壓線。

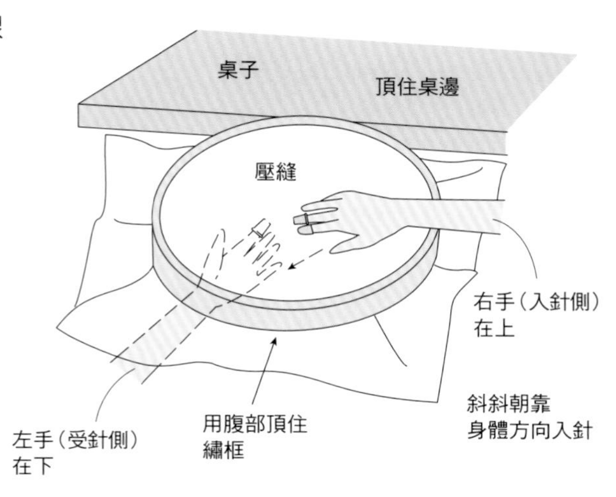

從側面看

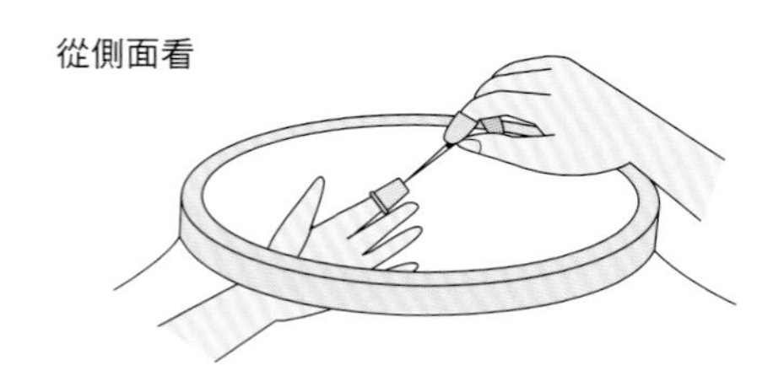

●製作斜布條

斜裁布片，製作斜紋布條。當所需長度較長時，可縫接兩條布條的布端，再燙開縫份。

※○cm表示同尺寸

○cm
裁切線
3.5cm寬
○cm
布
（背面）
畫出0.7cm車縫線
（使用與裁切線不同的顏色）

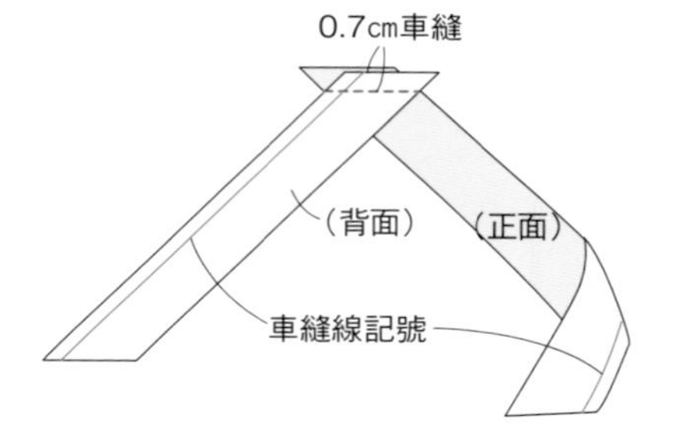

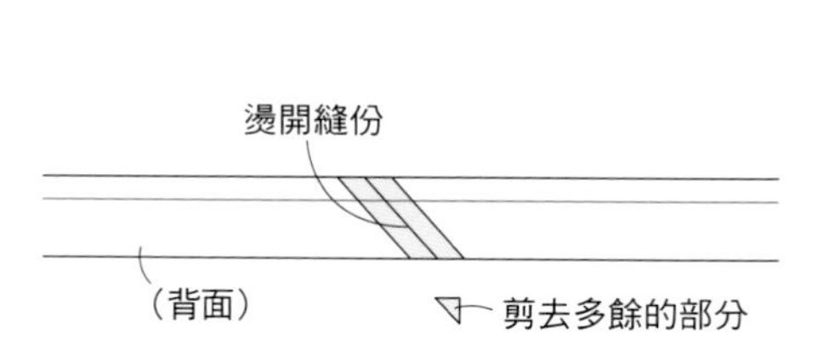

●滾邊

始縫處摺疊0.7cm，車縫到邊角後，向上摺成直角車縫下一邊，最後的接合處重疊1cm，
以斜紋布包裹布邊，再以藏針縫縫合。

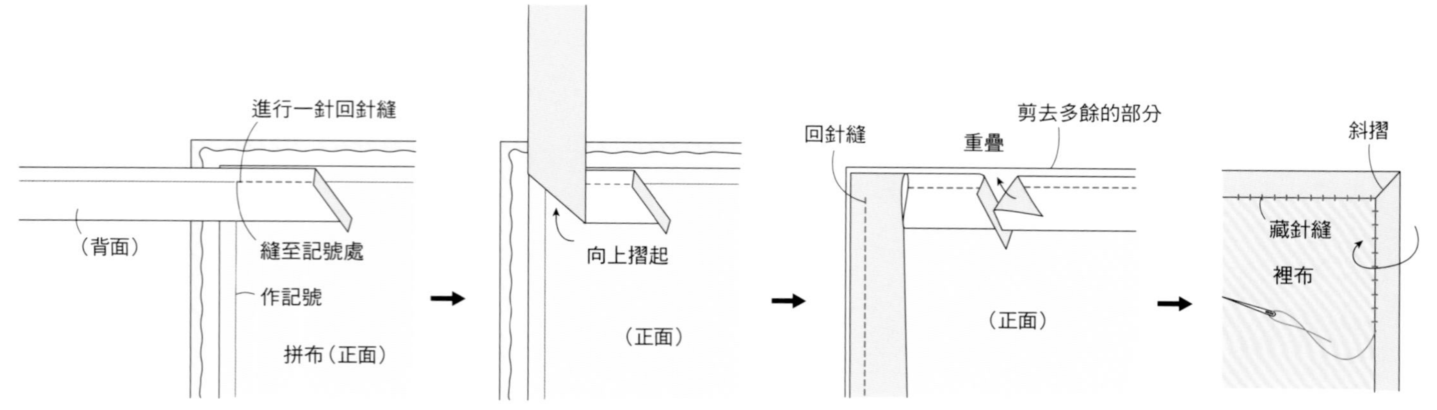

●袋物的縫製

因為壓線而出現縫縮起皺時，調整紙型。在表布作記號，插上珠針後翻面。
以珠針為準放上紙型再作上記號，加上0.7cm縫份。

利用圖案的邊角時

對齊邊角畫線

作上記號

尺

使用紙型做記號時

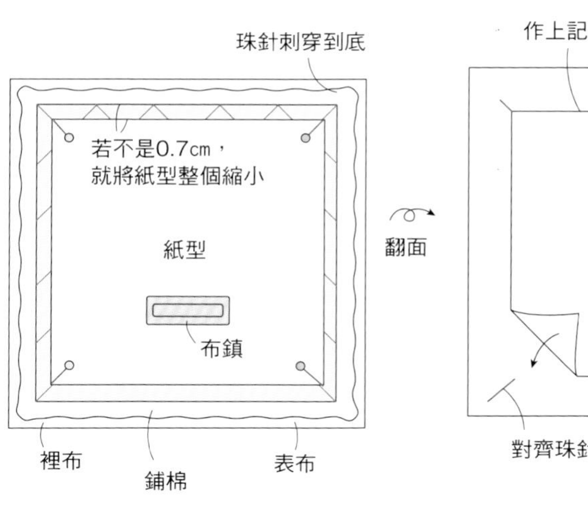

翻面

作上記號

裡布

紙型

對齊珠針

疊合兩片袋布，
疏縫後再車縫。

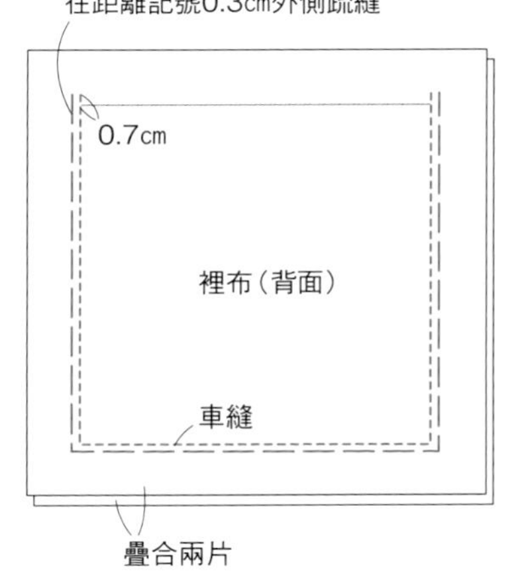

下一片裡布不裁剪，其餘將縫份剪至0.7cm，
再用裡布包覆後以藏針縫縫合

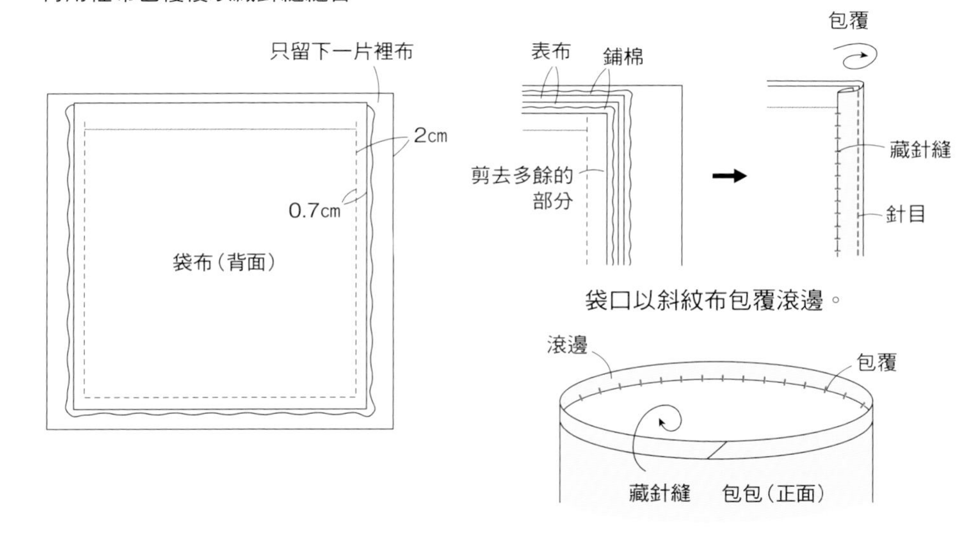

●組裝拉鍊

對齊拉鍊的中心及袋布的中心，
以珠針固定。

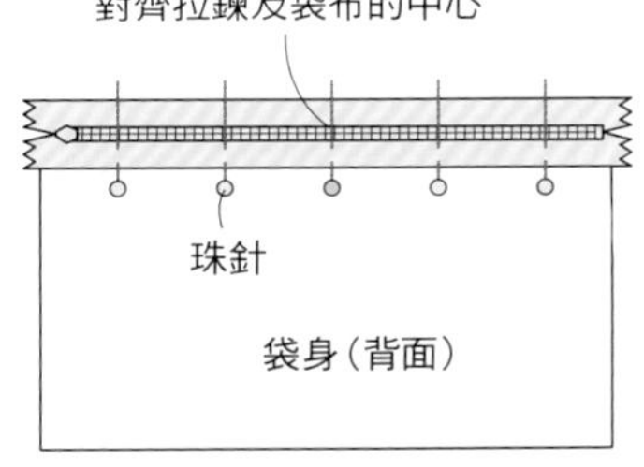

為了不讓針目露出正面，
以回針縫縫合，兩端進行藏針縫。

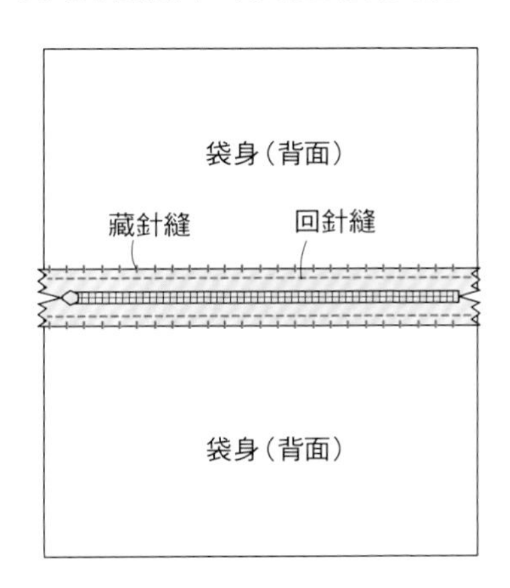

為翻回正面，車縫四周時先將拉鍊
打開5至6cm。

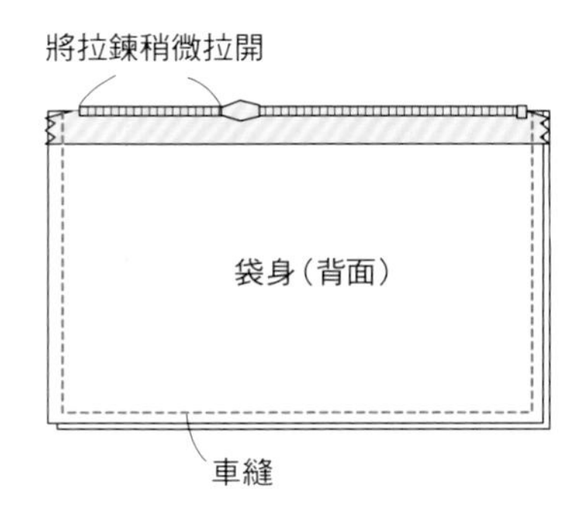

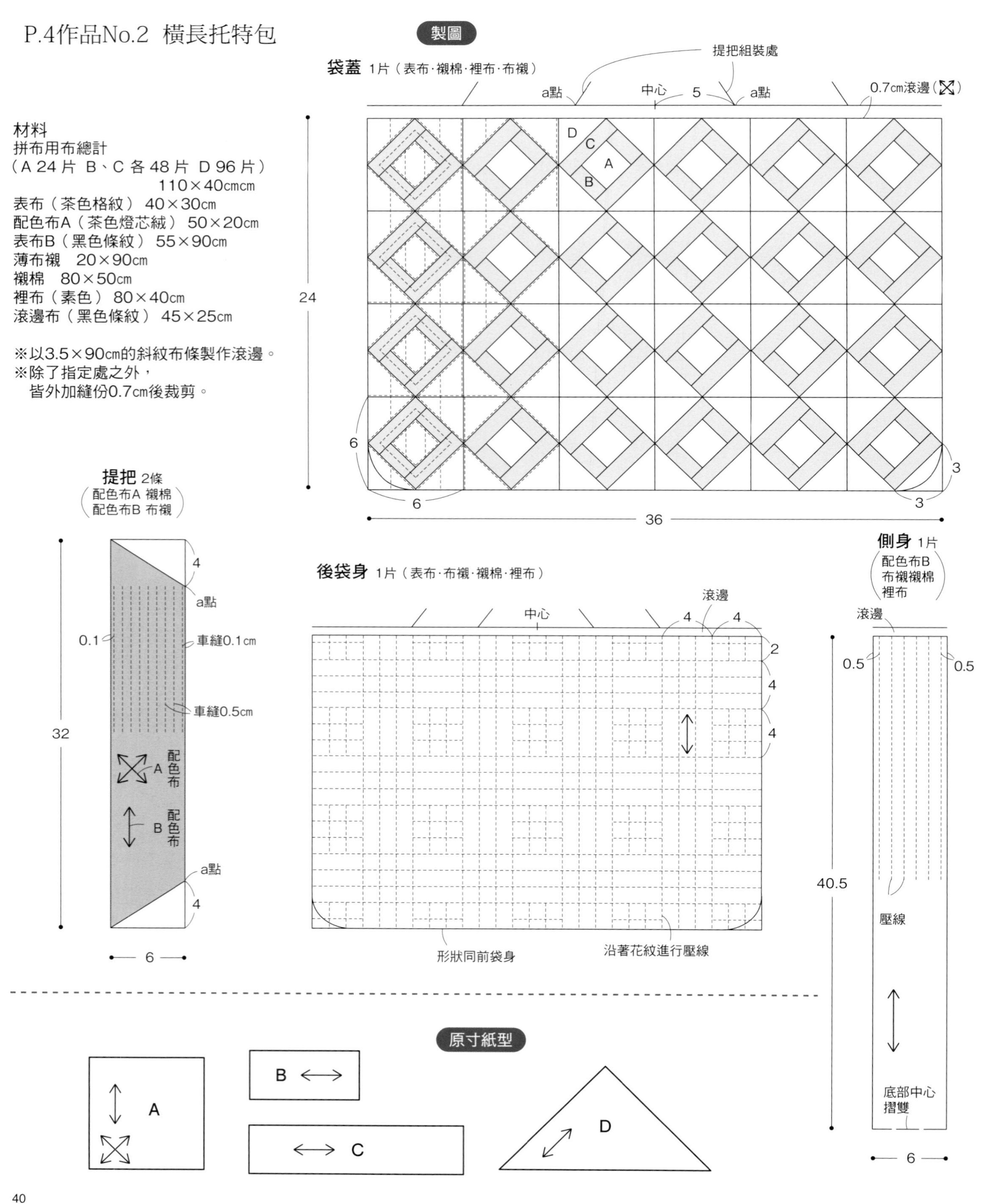
P.4作品No.2 橫長托特包
製圖
袋蓋 1片（表布·襯棉·裡布·布襯）
提把組裝處
a點
中心
5
0.7cm滾邊
材料
拼布用布總計
（A 24片 B、C 各 48片 D 96片）
110×40cmcm
表布（茶色格紋）40×30cm
配色布A（茶色燈芯絨）50×20cm
表布B（黑色條紋）55×90cm
薄布襯 20×90cm
襯棉 80×50cm
裡布（素色）80×40cm
滾邊布（黑色條紋）45×25cm
※以3.5×90cm的斜紋布條製作滾邊。
※除了指定處之外，
皆外加縫份0.7cm後裁剪。
D
C
A
B
24
6
6
3
3
36
提把 2條
（配色布A 襯棉
配色布B 布襯）
4
a點
0.1
車縫0.1cm
車縫0.5cm
32
A 配色布
B 配色布
a點
4
6
後袋身 1片（表布·布襯·襯棉·裡布）
中心
滾邊
4
4
2
4
4
形狀同前袋身
沿著花紋進行壓線
側身 1片
（配色布B
布襯襯棉
裡布）
滾邊
0.5
0.5
40.5
壓線
底部中心
摺雙
6
原寸紙型
A
B
C
D

1 拼縫布片後，再車縫串成橫式排列作為表布。

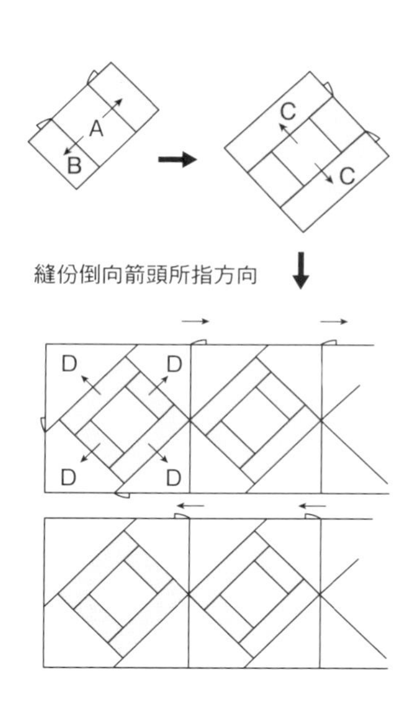

2 疊合表布、襯棉與裡布後進行壓線。

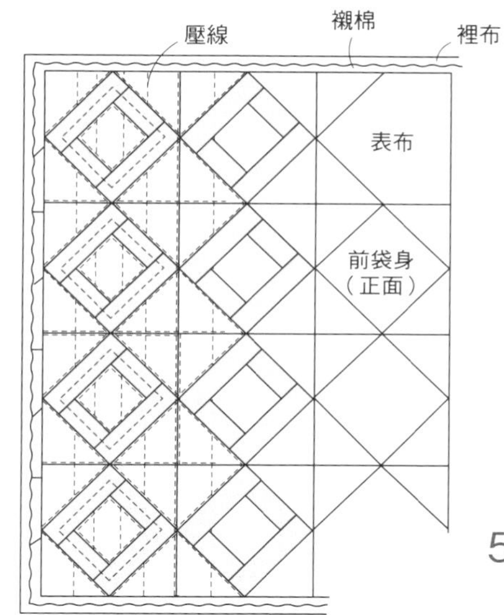

3 於側身與後袋身上進行壓線。

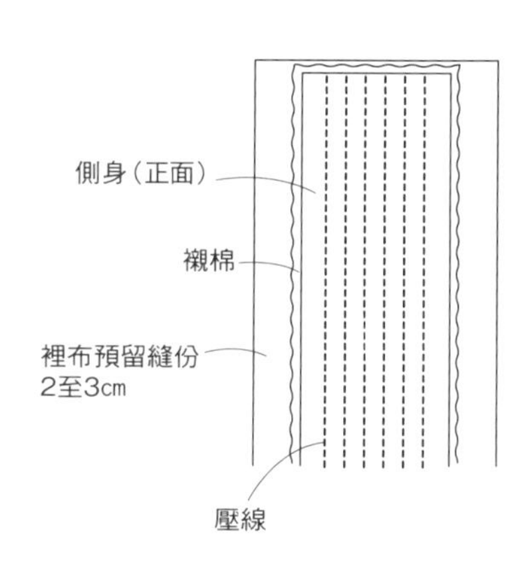

4 將袋身與側身正面相對疊合，並車縫四周。以側身裡布包覆縫份。於袋口處進行滾邊。

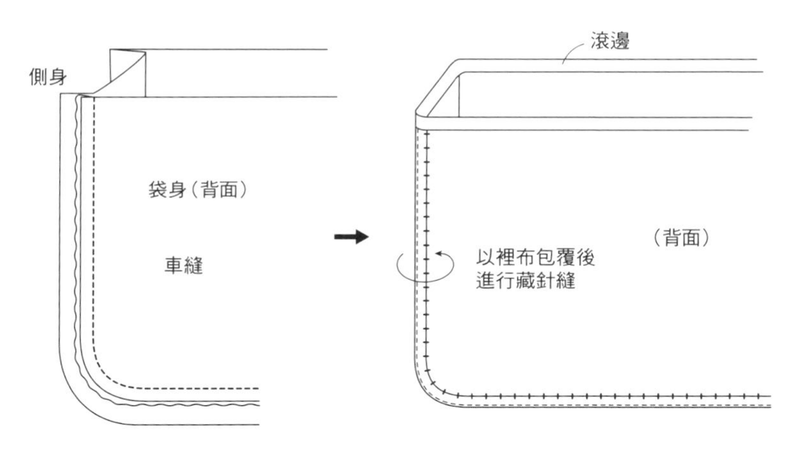

5 於提把布背面熨燙布襯後車縫固定，翻至正面車縫裝飾線。摺疊中心處再車縫。

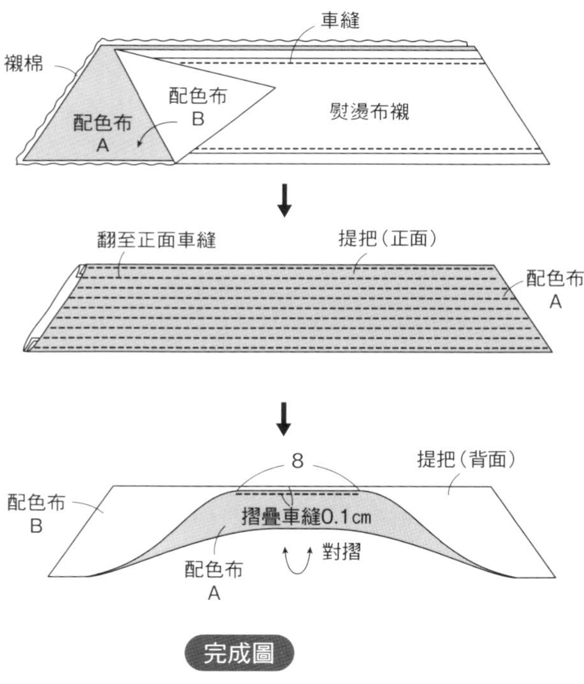

6 將提把疊於袋身上車縫。縫份處以擋布（裡布）包覆後進行藏針縫。

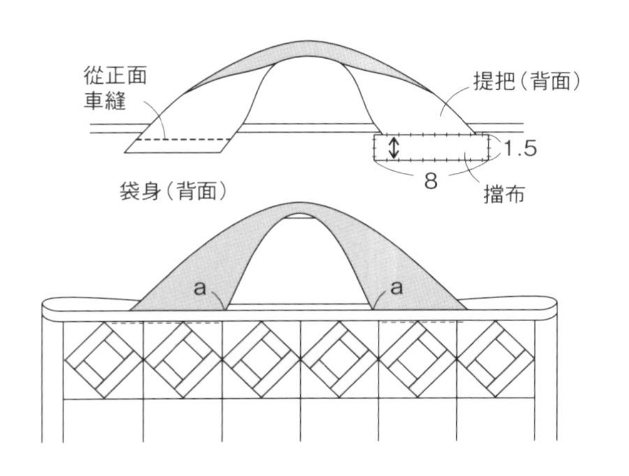

完成圖

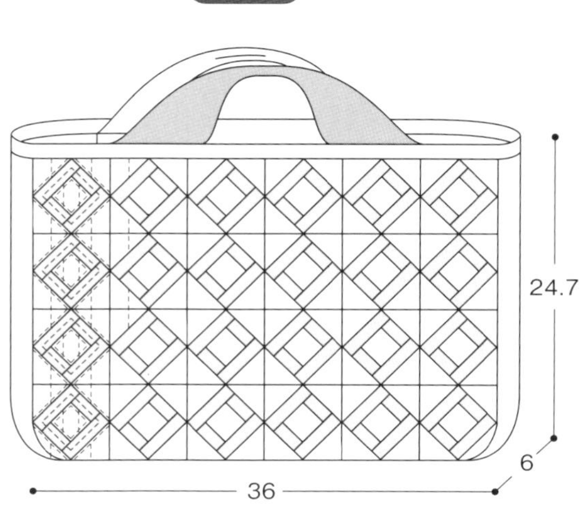

P.6作品No.3 花朵貼布繡肩背包

製圖

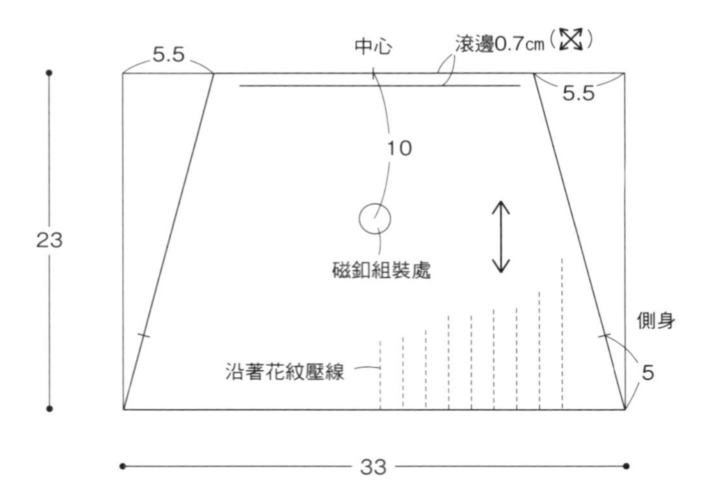

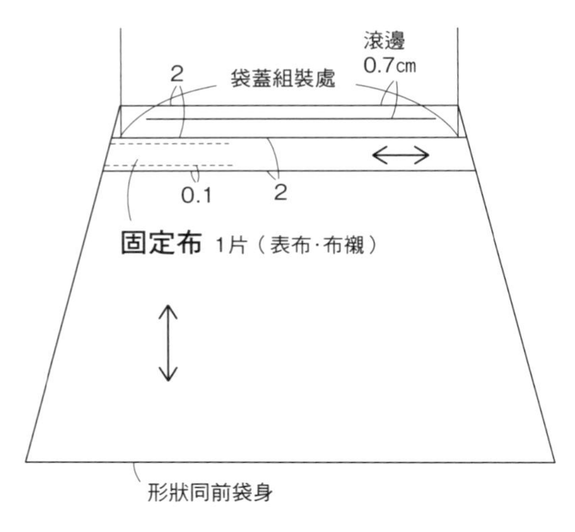

1 於袋蓋上製作貼布繡。製作包繩後夾入袋蓋固定，疊上袋蓋裡（熨燙布襯的裡布）進行夾車。

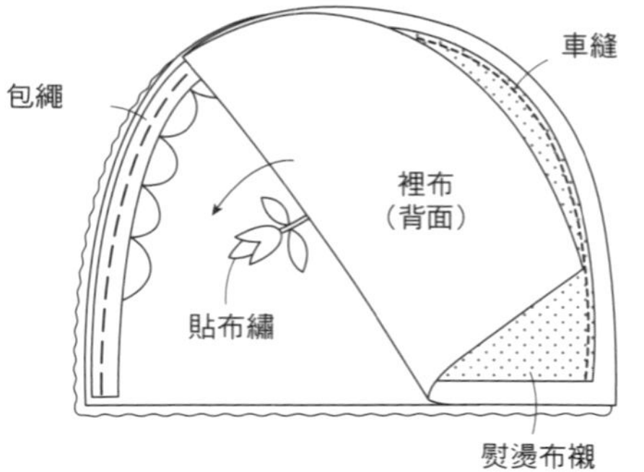
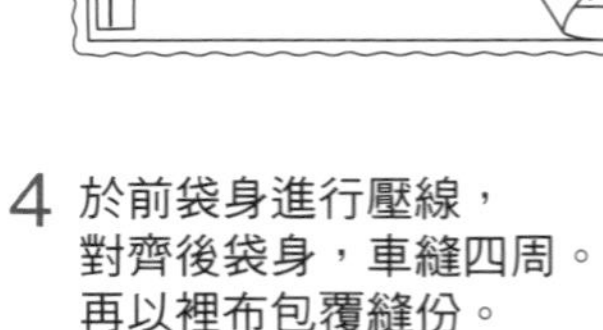

2 翻至正面，並壓線。

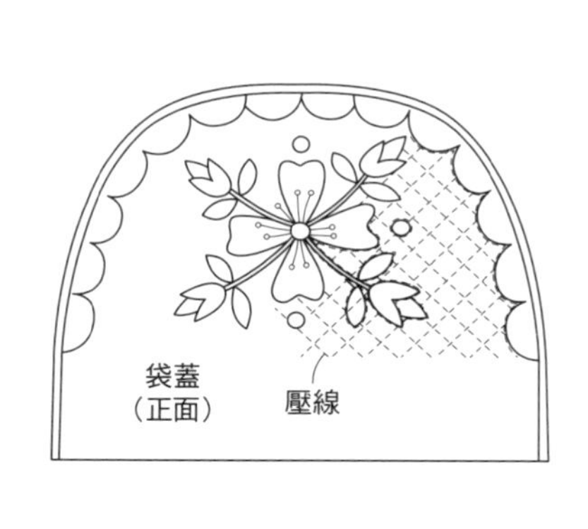

3 於後袋身進行壓線。
疊上袋蓋，車縫固定布以增加牢固度。

4 於前袋身進行壓線，
對齊後袋身，車縫四周。
再以裡布包覆縫份。

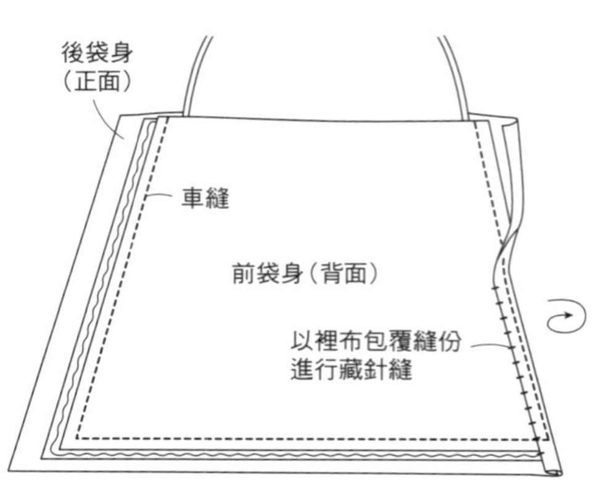

5 車縫側身。
修剪多餘布角後，以斜紋布條滾邊。

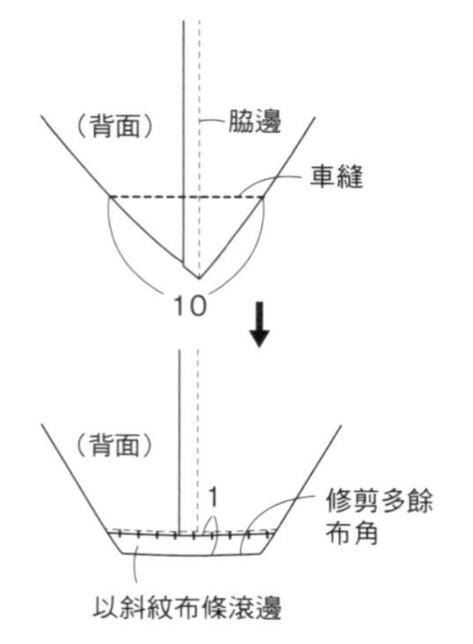

6 車縫吊耳布四周。翻回正面，穿入提把，
以藏針縫縫至袋口滾好邊的袋身上。
以布料包覆磁釦，並組裝至前袋身與裡袋蓋相對位置
（請見P.49）。

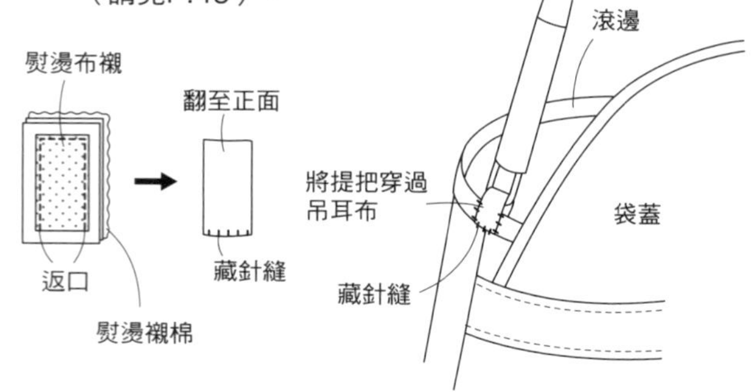

材料
表布（白色條紋）　75×30cm
表袋蓋用布（米黃水玉圓點）　25×25cm
花朵貼布繡用布　適量
扇形花邊、滾邊用布（淺茶色）　45×55cm
薄布襯　95×25cm
襯棉　95×25cm
裡布（格紋）　95×25cm
市售提把（長59cm）　1條
直徑2cm磁釦　1組
直徑3mm滾邊繩　55cm
25號繡線（灰色）
※以3.5×90cm的斜紋布條滾邊。
※除了指定處之外，皆外加縫份0.7cm。

※袋蓋磁釦請以袋蓋裡布包覆，袋身磁釦則以表袋身布料包覆。

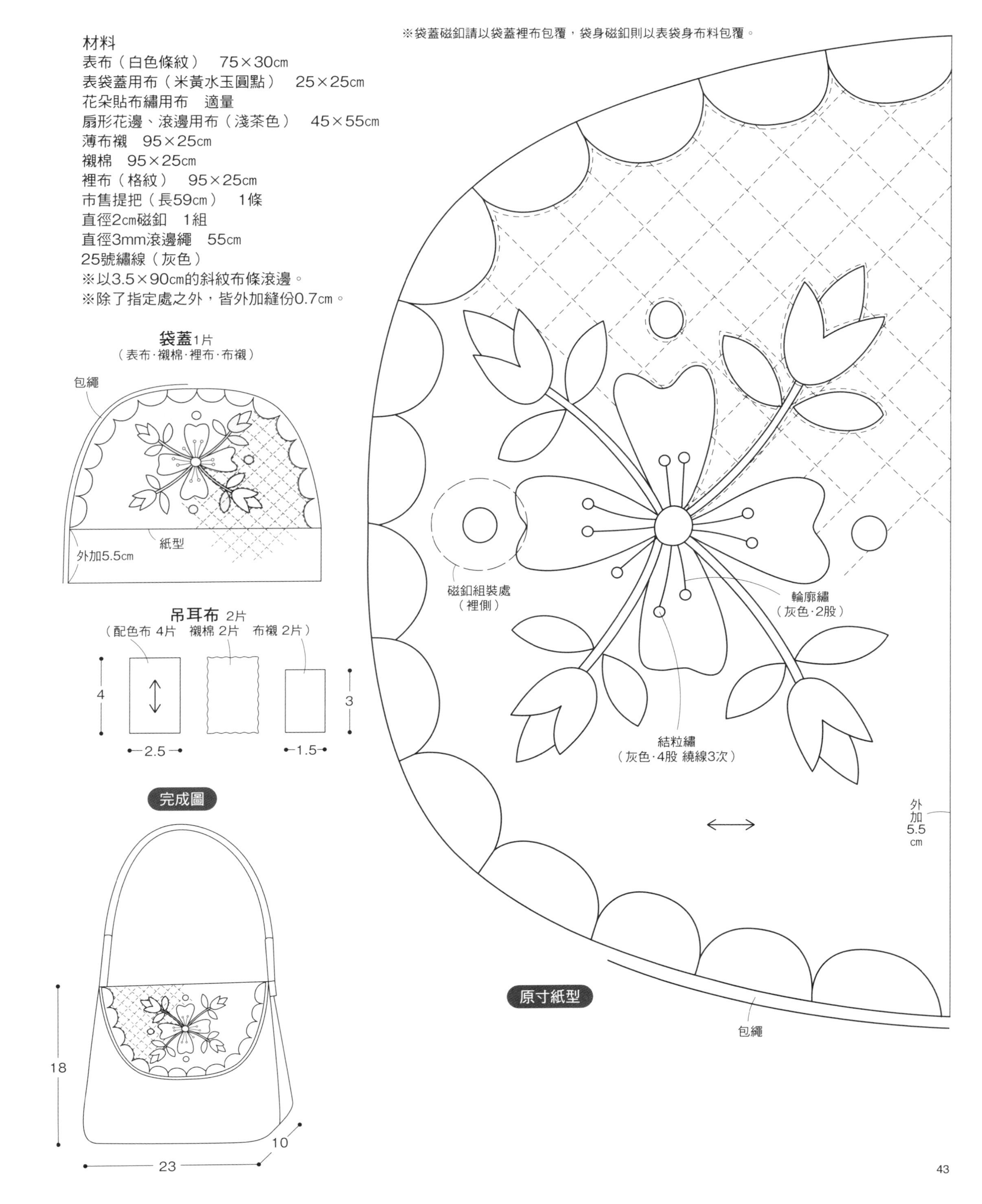

P.7作品No.4 貼布繡扁平包

材料
表布（茶色格紋） 30×120cm
配色布（小格紋） 25×25cm
貼布繡底布（米黃水玉圓點） 25×25cm
貼布繡用布 適量
襯棉 25×25cm
襯棉 25×25cm
裡布（綠色格紋） 50×25cm
薄布襯 25×25cm
滾邊布兩種 各20×20cm
25號繡線
（綠色、深茶色、淺藍色、黃色、灰色）
※以3.5×25cm的斜紋布條滾邊。
※除了指定處之外，皆外加縫份0.7cm。

製圖

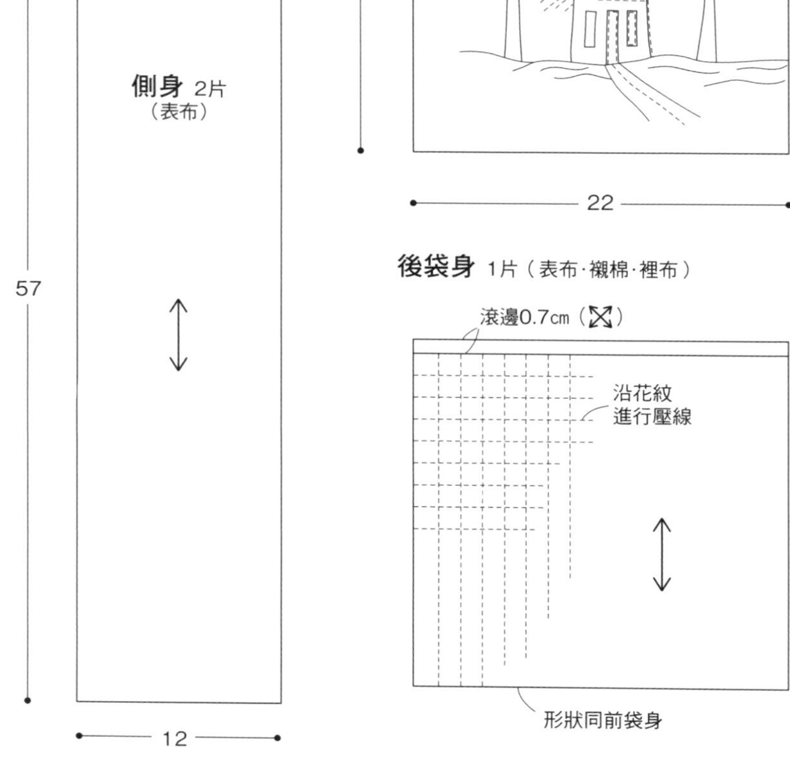

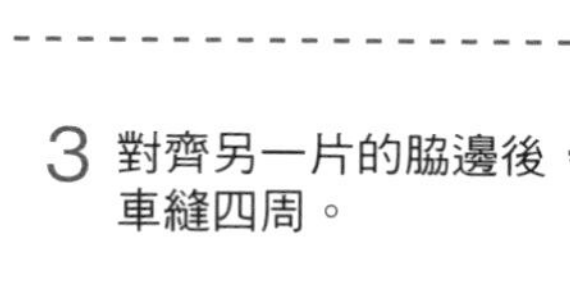

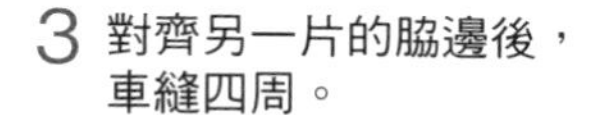

1 於前袋身製作貼布繡。疊上襯棉與裡布後壓線，袋口製作滾邊。

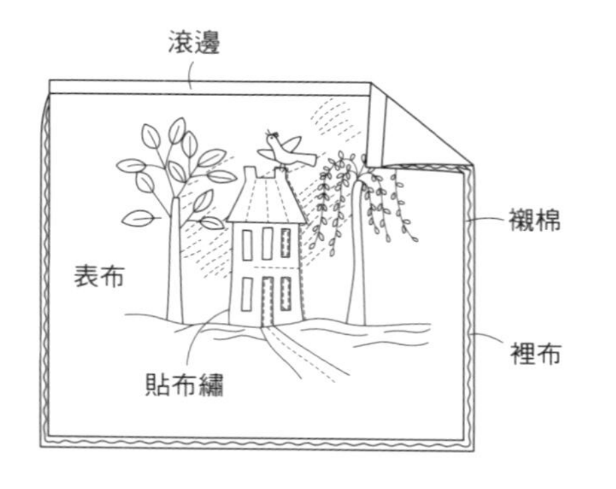

2 將前袋身鋪放於側身的正面。

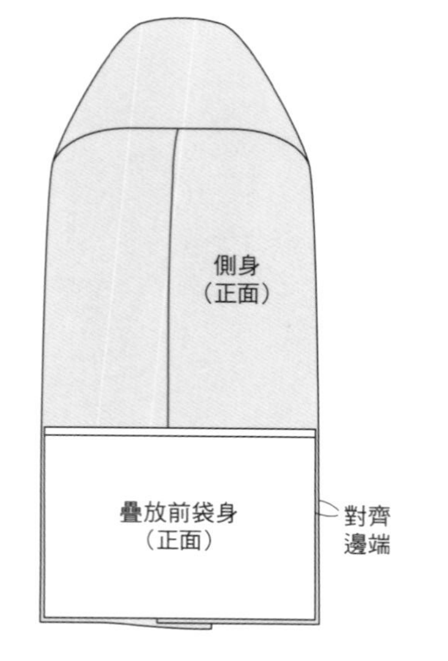

3 對齊另一片的脇邊後，車縫四周。

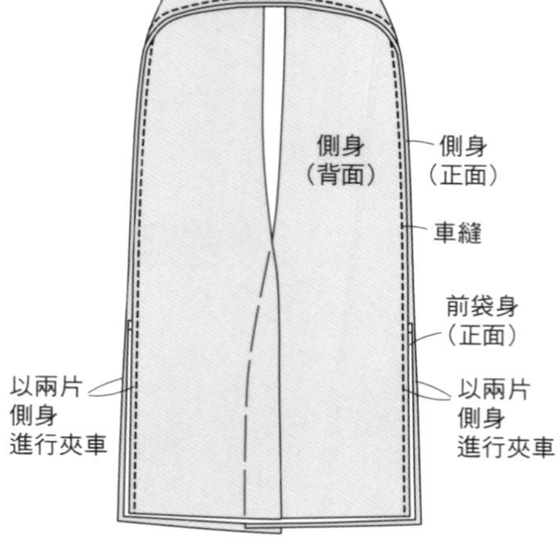

4 將袋身與側身正面相對疊合，並車縫四周。以側身裡布包覆縫份。於袋口處進行滾邊。

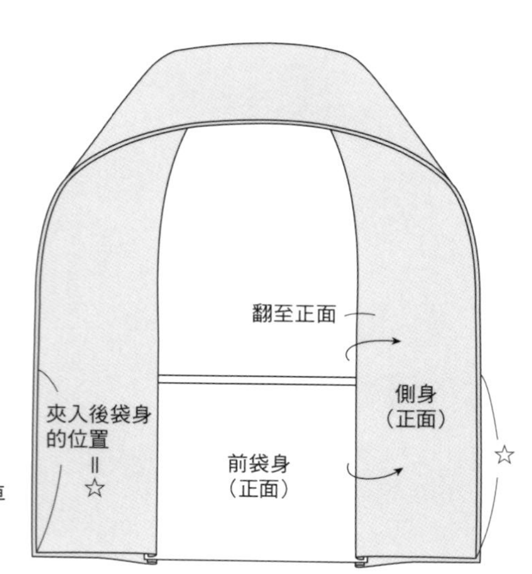

5 於後袋身進行壓線，並於袋口處製作滾邊，再以兩片側身夾車。

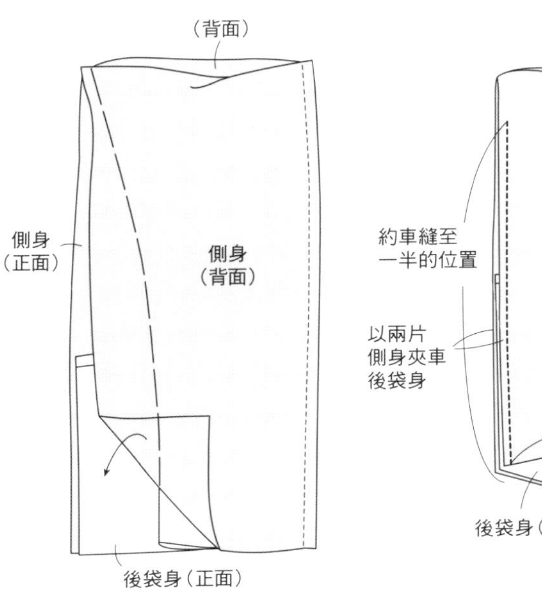

6 從側身一半的位置向下車縫。

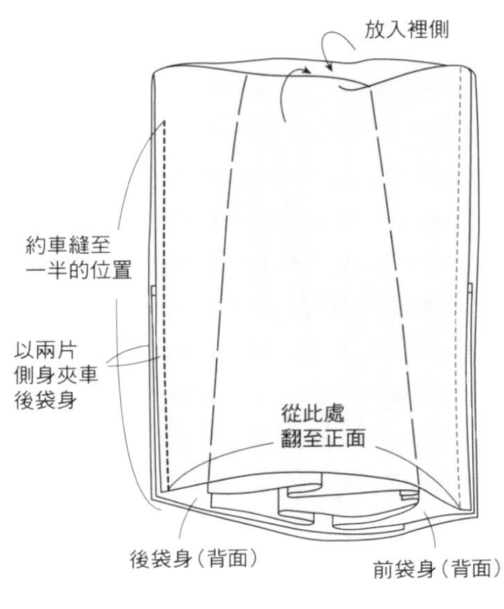

7 翻至正面，於未縫合的部分標記記號，並夾入另一片後袋身。

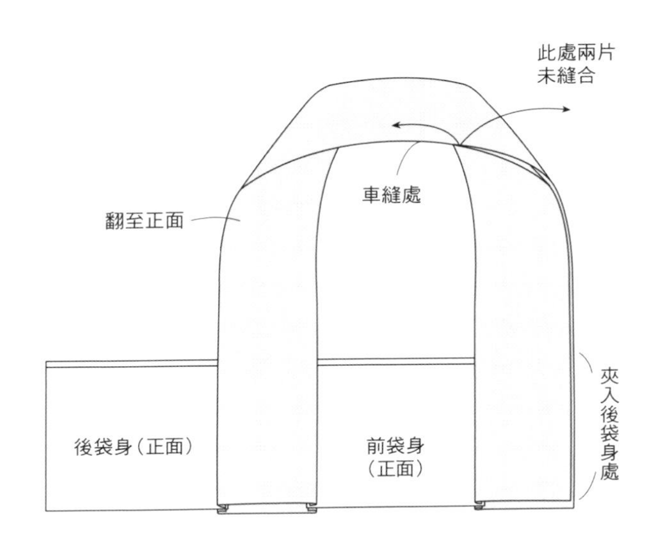

8 以兩片側身夾車後袋身與車縫剩餘的部分。

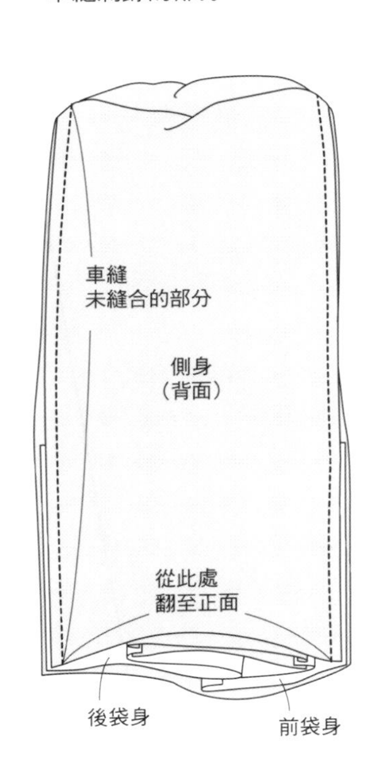

9 從側身的底邊整個翻至正面，車縫側身的邊緣。

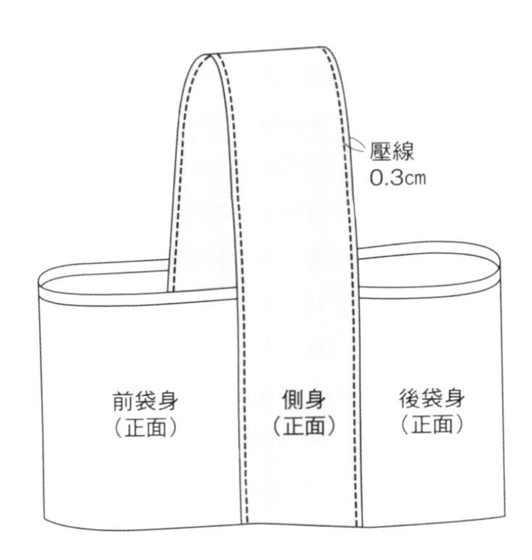

10 翻回背面車縫袋底，縫份進行滾邊。

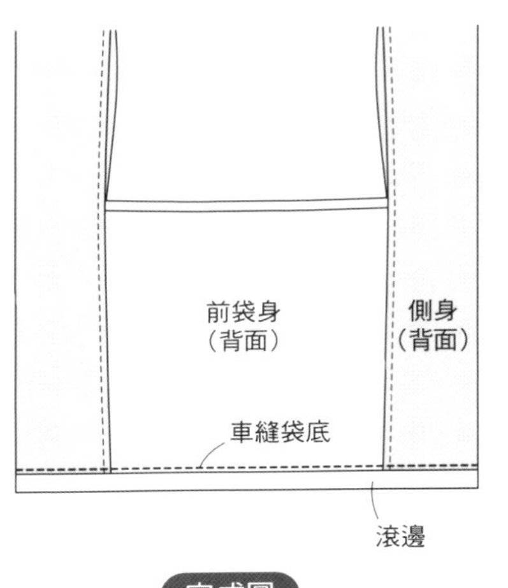

11 提把中心交疊後車縫固定。

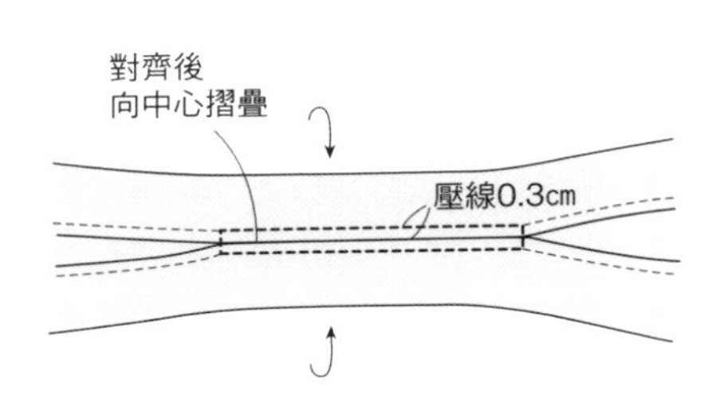

完成圖

P.7作品No.4 貼布繡扁平包

原寸紙型

P.3作品No.1　單肩包

原寸紙型

提把前端圓弧

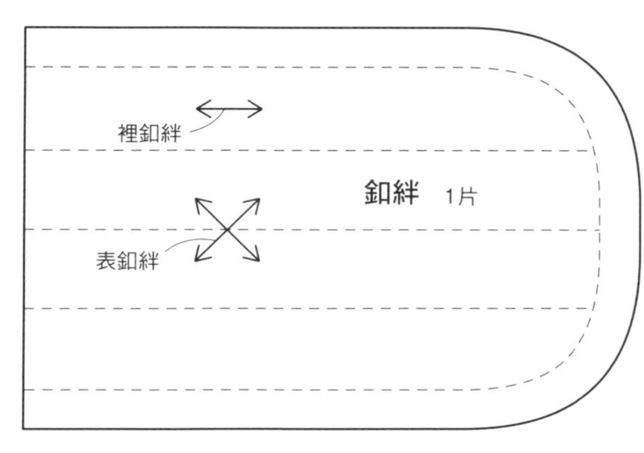

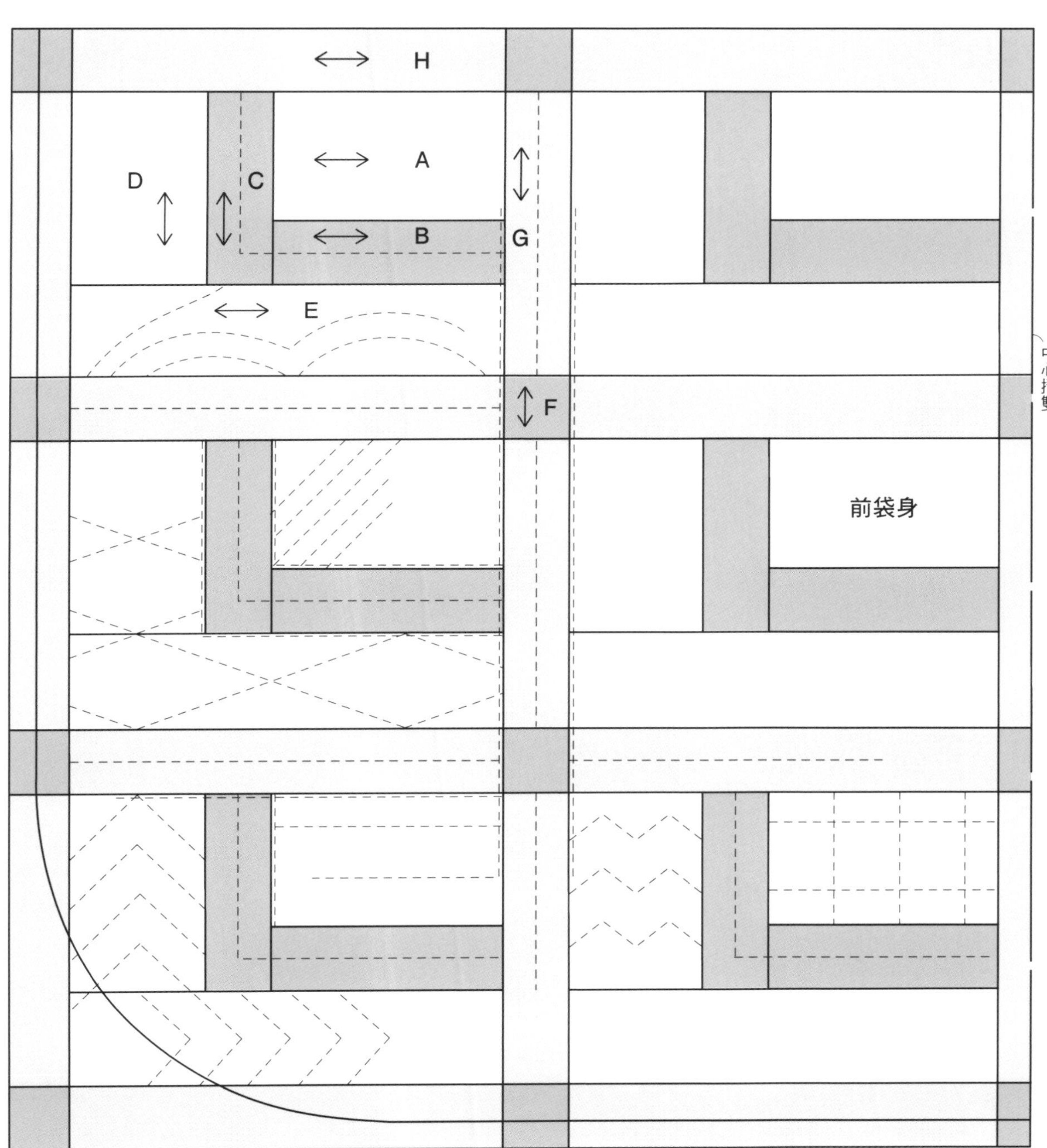

作法見下頁→

P.3作品No.1　單肩包

材料
拼布片用布
（淺色／A·D·E　各12片）　40×20cm
（深色／B·C　各12片·F 20片·H 16片·G 15片）
50×30cm
表布（米黃條紋）　65×15cm
配色布（大格紋）　35×20cm
釦絆、滾邊布（茶色格紋）　50×35cm
提把布（灰色印花）　55×15cm
襯棉　35×20cm
襯棉　65×45cm
裡布（格紋）　110×50cm
薄布襯　65×25cm
直徑3cm釦子　3個
直徑1.5cm磁釦　1組
※以3.5×75cm的斜紋布條滾邊。
※除了指定處之外，皆加縫份0.7cm。

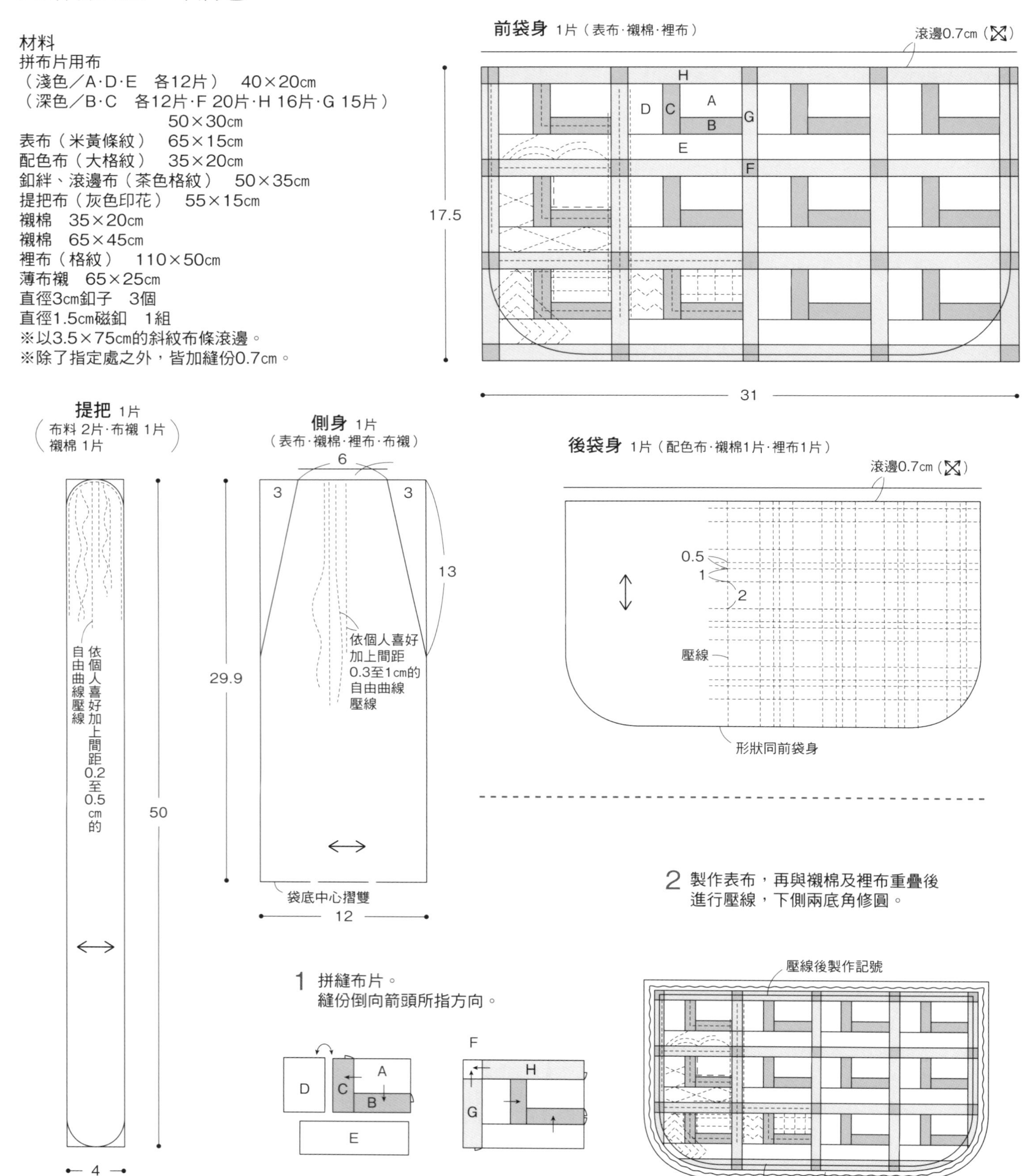

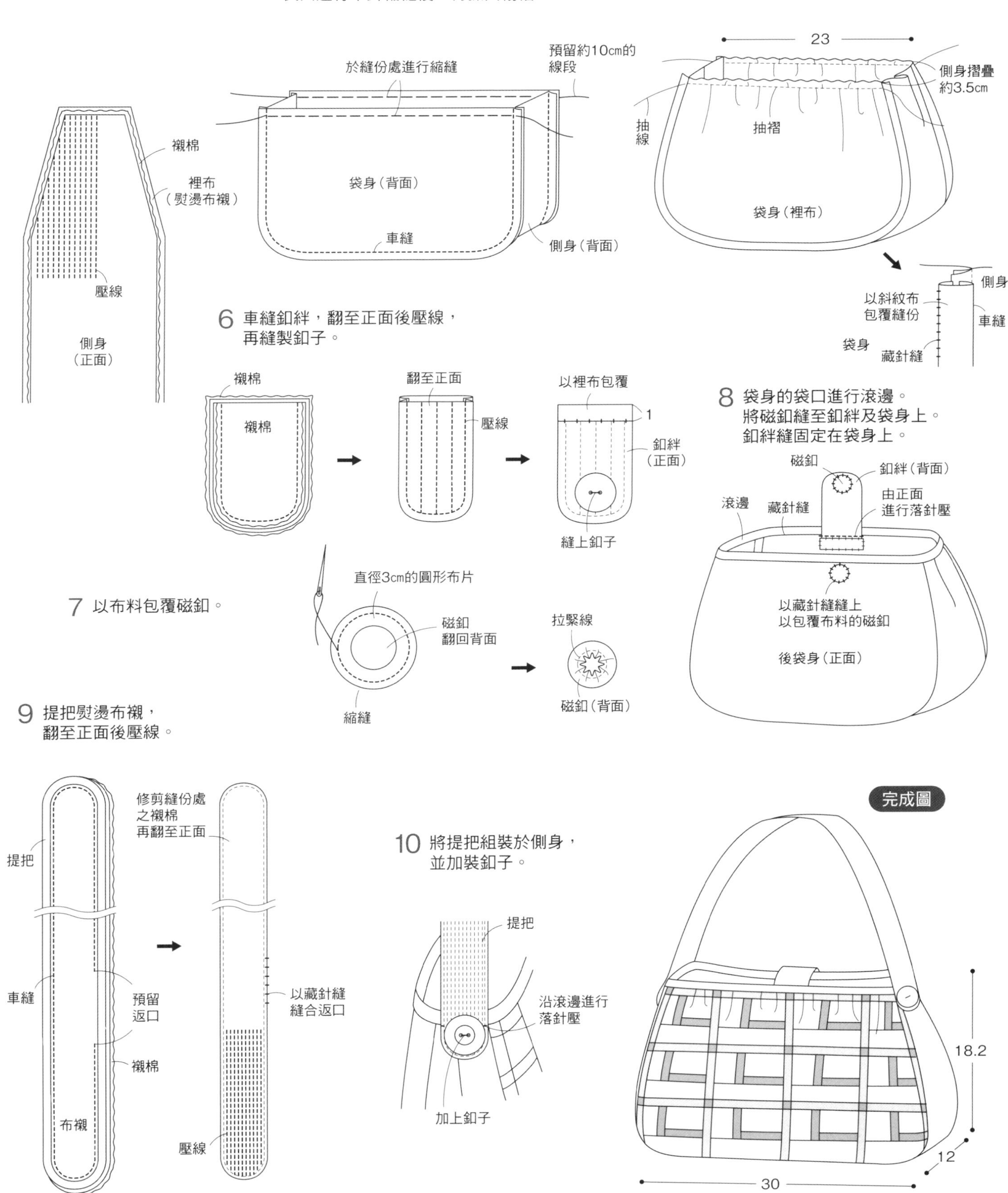
3 於側身進行壓線。
襯棉
裡布
（熨燙布襯）
壓線
側身
（正面）
4 後袋身進行壓線，與側身對齊後車縫四周，
袋口進行平針縮縫後，再抓出縐褶。
於縫份處進行縮縫
預留約10cm的
線段
袋身（背面）
車縫
側身（背面）
5 袋口拉線抽褶，於側身車縫橫褶。
23
側身摺疊
約3.5cm
抽線
抽褶
袋身（裡布）
側身
以斜紋布
包覆縫份
車縫
袋身
藏針縫
6 車縫釦絆，翻至正面後壓線，
再縫製釦子。
襯棉
襯棉
翻至正面
壓線
以裡布包覆
1
釦絆
（正面）
縫上釦子
7 以布料包覆磁釦。
直徑3cm的圓形布片
磁釦
翻回背面
縮縫
拉緊線
磁釦（背面）
8 袋身的袋口進行滾邊。
將磁釦縫至釦絆及袋身上。
釦絆縫固定在袋身上。
磁釦
釦絆（背面）
由正面
進行落針壓
滾邊
藏針縫
以藏針縫縫上
以包覆布料的磁釦
後袋身（正面）
9 提把熨燙布襯，
翻至正面後壓線。
修剪縫份處
之襯棉
再翻至正面
提把
車縫
預留
返口
襯棉
布襯
以藏針縫
縫合返口
壓線
10 將提把組裝於側身，
並加裝釦子。
提把
沿滾邊進行
落針壓
加上釦子
完成圖
18.2
12
30

P.8作品No.5　蜻蜓貼布繡手提包

材料
貼布繡用布　適量
表布（藍灰色）　80×15cm
配色布（灰色）　80×15cm
滾邊布（灰色格紋）　35×25cm
襯棉　80×25cm
裡布（格紋）　110×40cm
市售提把（長31cm）　1組
25號繡線（黑色）
※袋口滾邊使用寬3.5長60cm的斜紋布條；
　裡布的縫份處理則使用寬3.5長50cm。
※原寸紙型於P.51·P.52。
※除了指定處之外，皆外加縫份0.7cm。

製圖

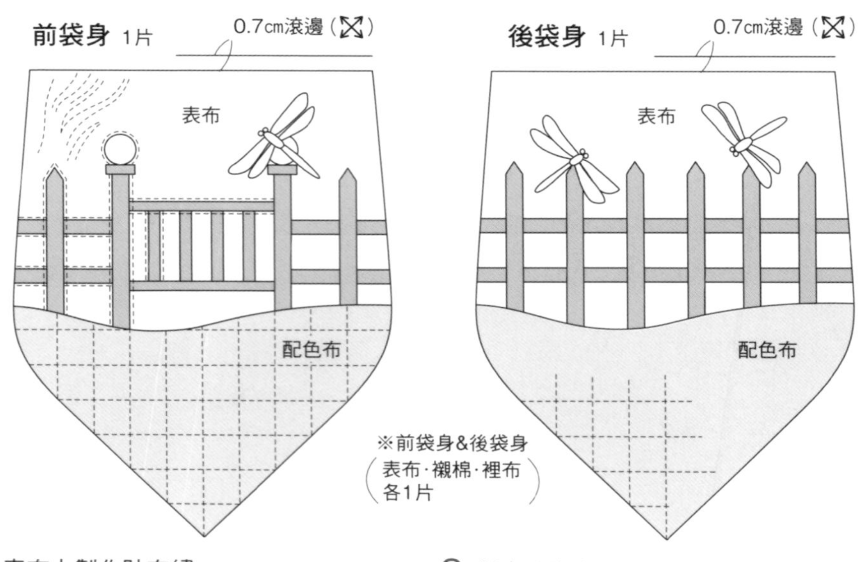

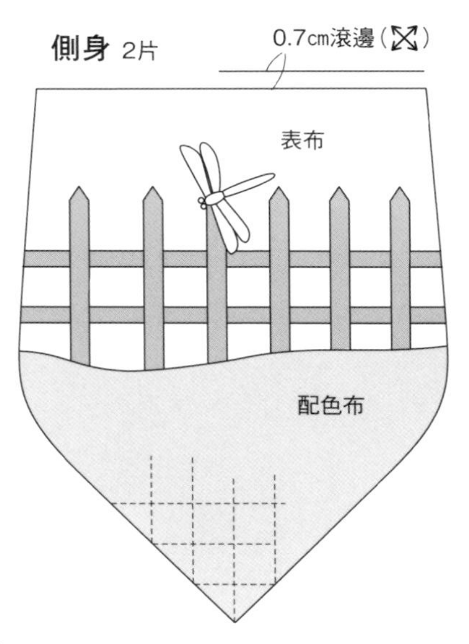

1 於表布上製作貼布繡，
以配色布車縫拼接表布，並進行壓縫，
完成四片袋身。

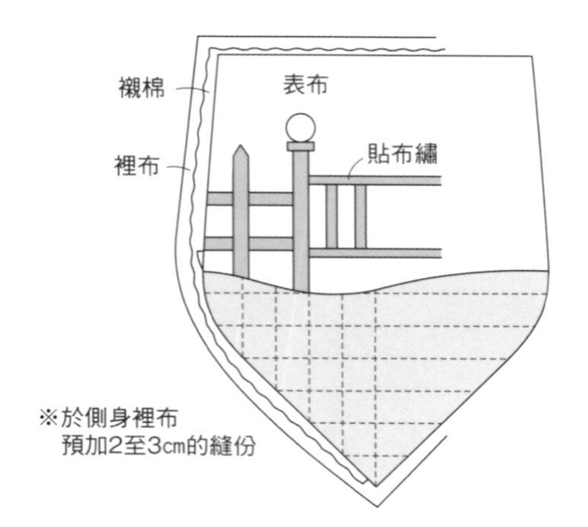

2 對齊前袋身與側身後，進行車縫。

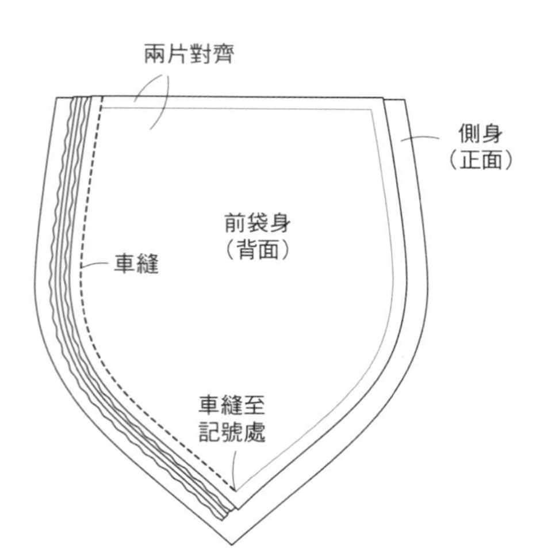

3 依相同縫法縫合後袋身與側身，
車縫完成整個袋身。以裡布包覆兩側的縫份

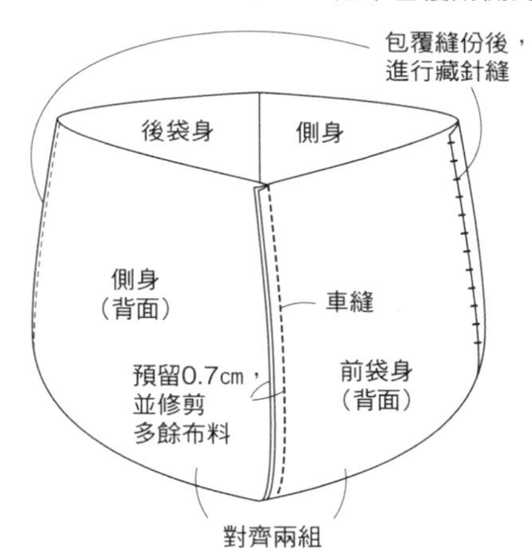

4 修剪多餘縫份，以斜紋布條包覆
兩側縫份，並進行藏針縫。

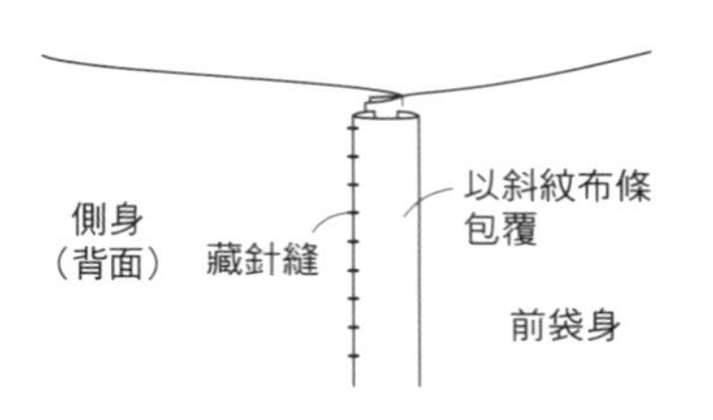

5 袋口處以斜紋布條滾邊。

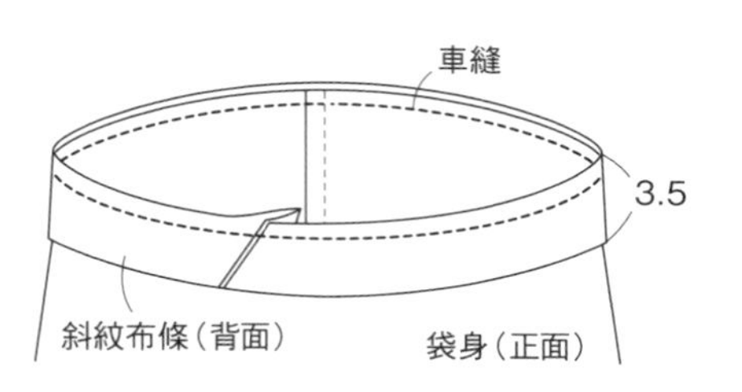

6 包覆袋口進行滾邊。

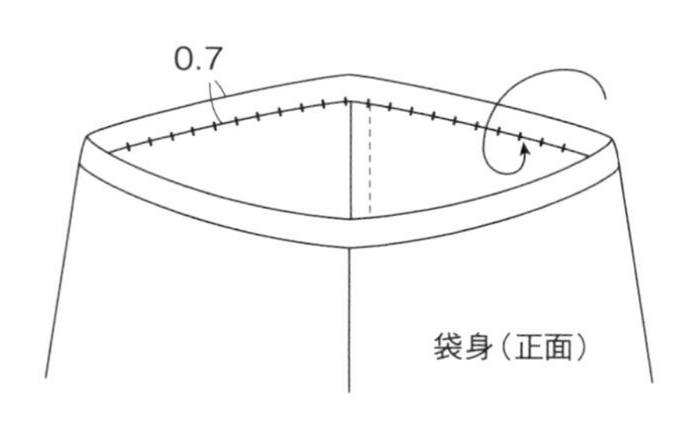

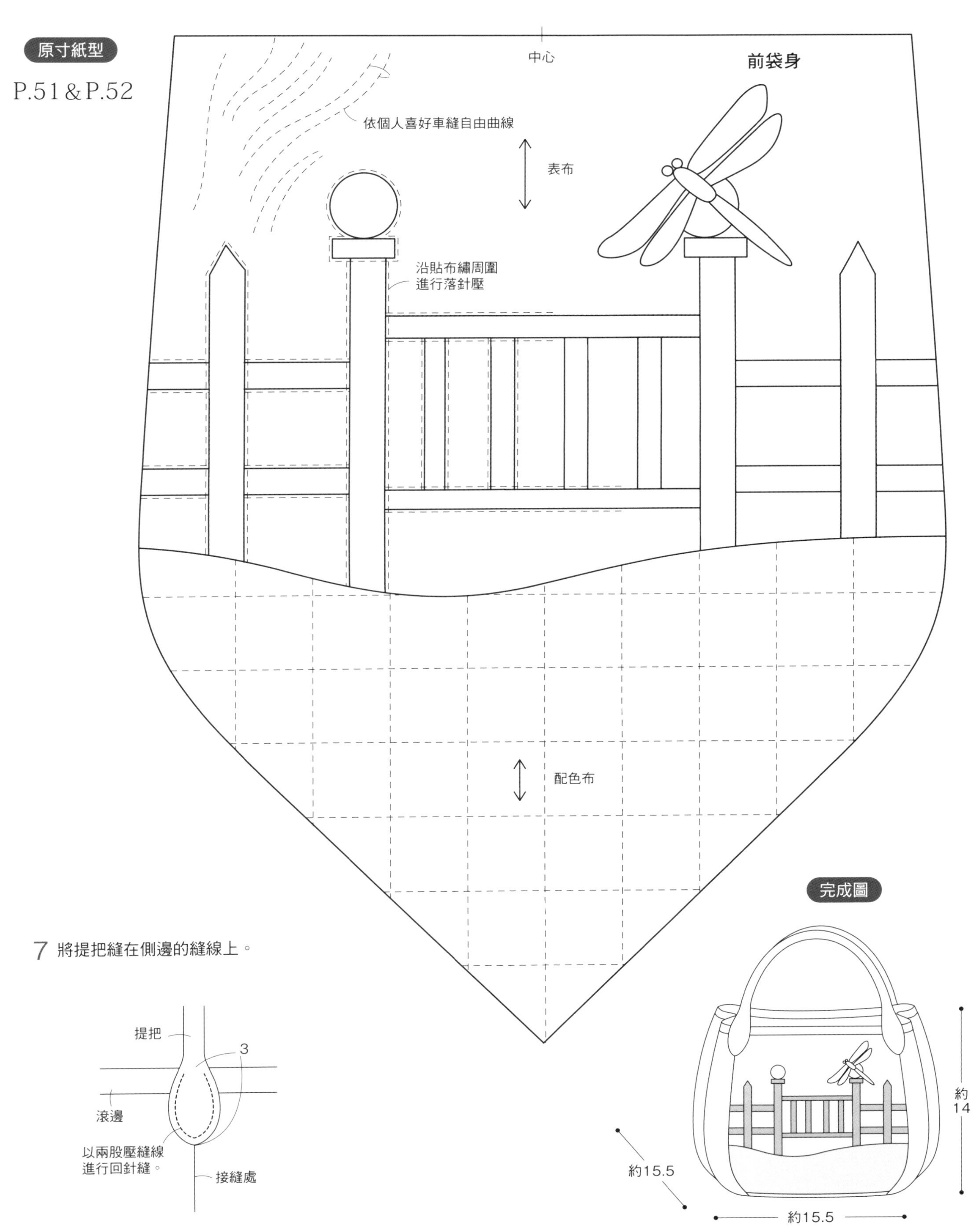
原寸紙型
P.51&P.52
中心
前袋身
依個人喜好車縫自由曲線
表布
沿貼布繡周圍
進行落針壓
配色布
7 將提把縫在側邊的縫線上。
提把
3
滾邊
以兩股壓縫線
進行回針縫。
接縫處
完成圖
約15.5
約15.5
約
14

P.8作品No.5　蜻蜓貼布繡手提包

原寸紙型

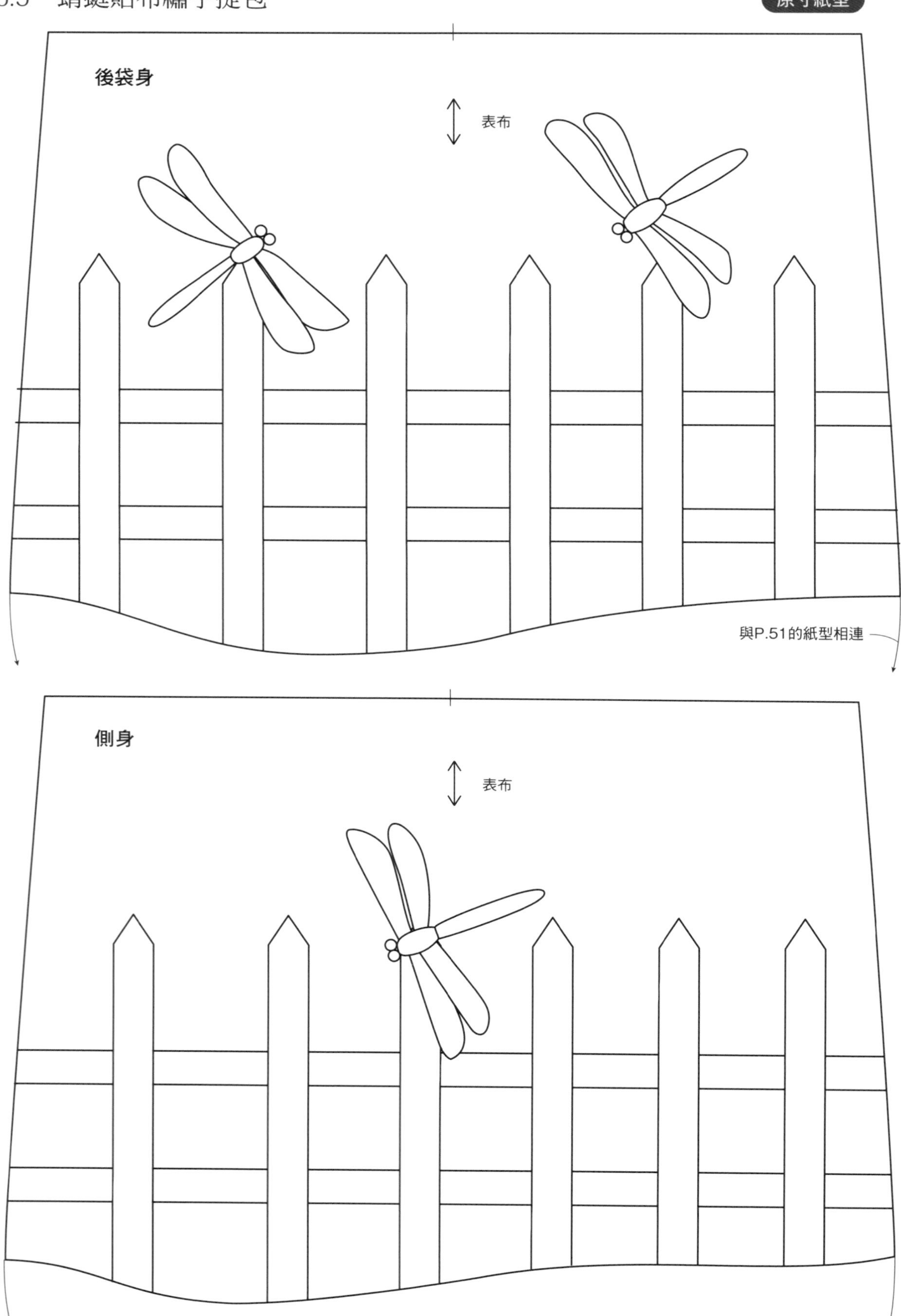

P.24作品No.18　狗狗迷你包

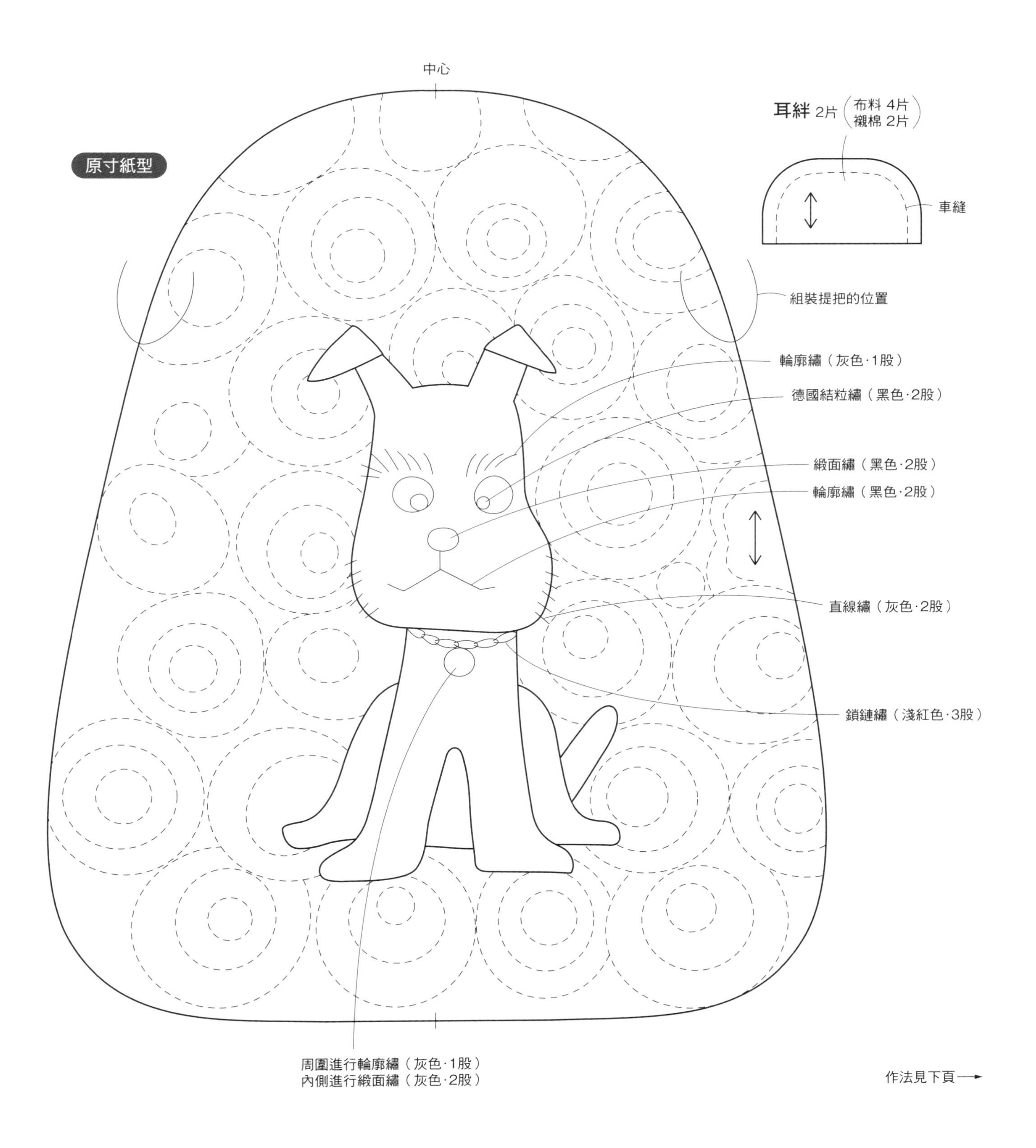

作法見下頁→

P.24作品No.18　狗狗迷你包

材料
貼布繡用布　適量
貼布繡底布（條紋）　20×25cm
表布（格紋）　50×40cm
耳絆（青藍色）　10×10cm
襯棉　60×40cm
裡布（格紋）　110×40cm
市售提把（長31cm）　1組
長20cm的拉鍊　1條
25號繡線（黑色、灰色、淺紅色）
5號繡線（茶色）
※以3.5×60cm的斜紋布條處理裡布周圍的縫份。
※原寸紙型於P.53。
※除了指定處之外，皆須加縫份0.7cm。

製圖

前袋身 1片（表布·襯棉·裡布）

後袋身 1片（表布·襯棉·裡布）

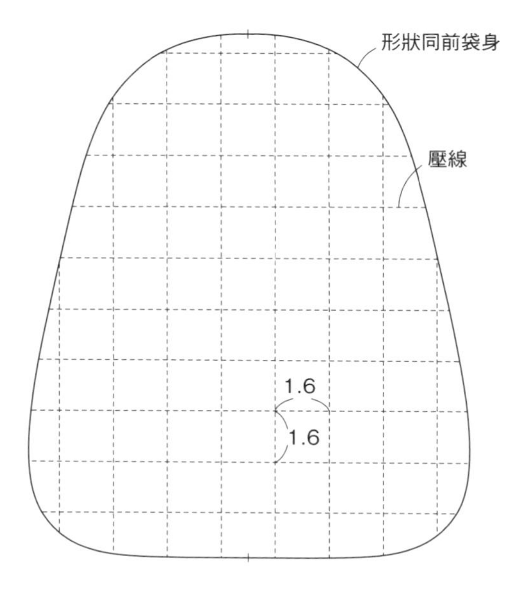

側身 1片
（表布·襯棉·裡布）

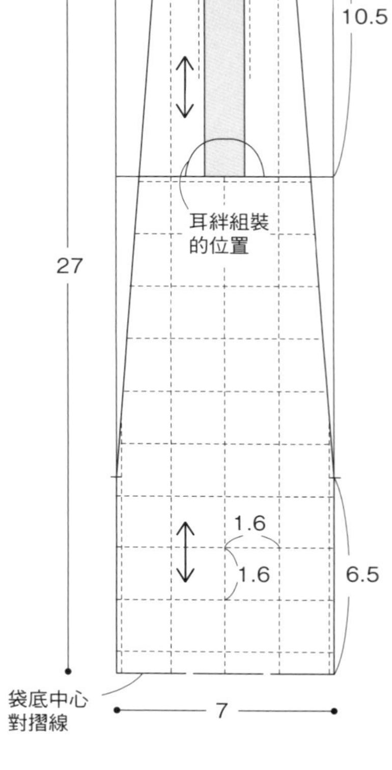

1 從小狗最底層的圖案開始進行貼布繡。

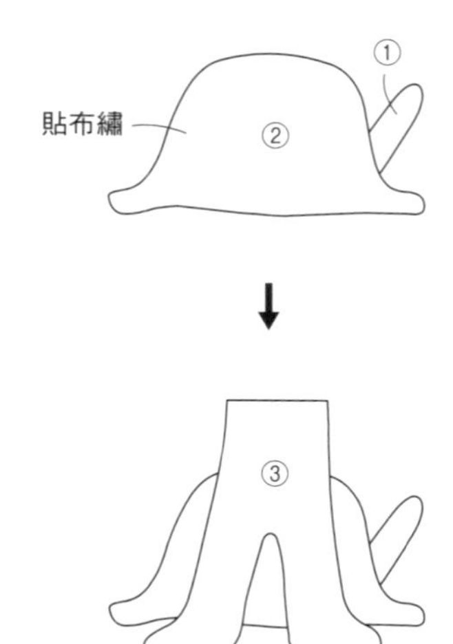

2 於完成貼布繡製作的表布上進行刺繡。再疊合襯棉及裡布後壓線。

3 於後袋身壓線。

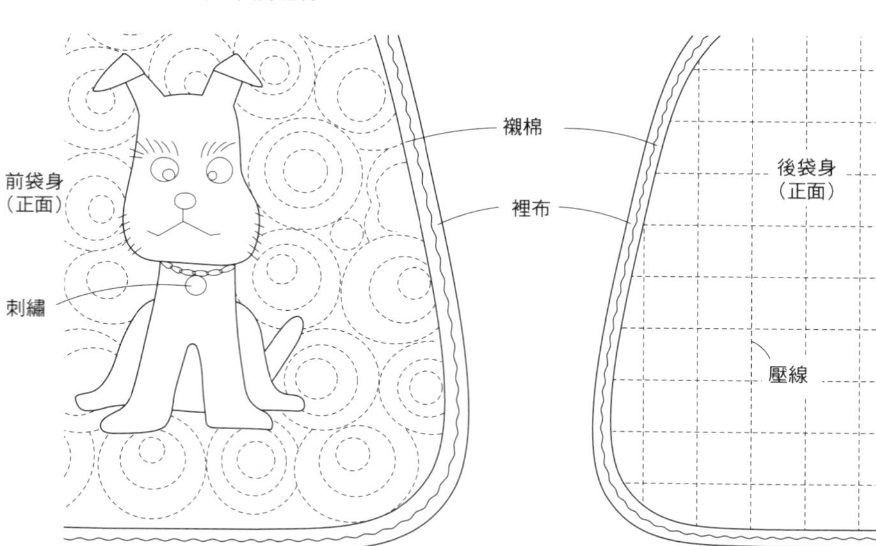

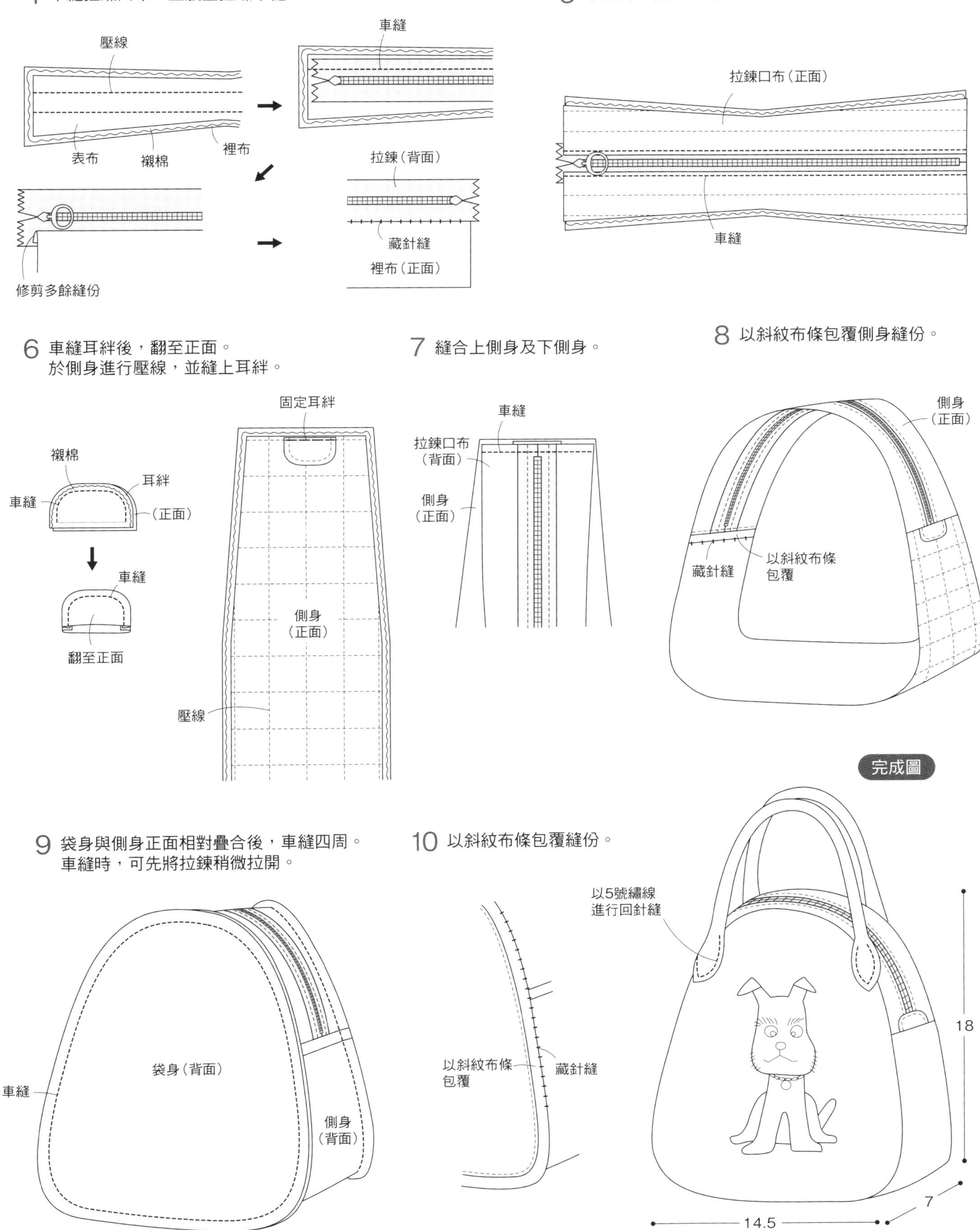
4 車縫拉鍊口布，並放上拉鍊車縫。
壓線
表布
襯棉
裡布
車縫
拉鍊（背面）
藏針縫
裡布（正面）
修剪多餘縫份
5 車縫另一側的拉鍊。
拉鍊口布（正面）
車縫
6 車縫耳絆後，翻至正面。
於側身進行壓線，並縫上耳絆。
襯棉
耳絆
車縫
（正面）
車縫
翻至正面
固定耳絆
側身
（正面）
壓線
7 縫合上側身及下側身。
車縫
拉鍊口布
（背面）
側身
（正面）
8 以斜紋布條包覆側身縫份。
側身
（正面）
藏針縫
以斜紋布條
包覆
完成圖
9 袋身與側身正面相對疊合後，車縫四周。
車縫時，可先將拉鍊稍微拉開。
袋身（背面）
車縫
側身
（背面）
10 以斜紋布條包覆縫份。
以斜紋布條
包覆
藏針縫
以5號繡線
進行回針縫
18
7
14.5

P.10作品No.6　水桶包

材料
拼布用布
（印花／A 72片·D 36片）　110×40cm
（格紋／B·C·F 各36片）　110×40cm
（茶色／D 9片、E 36片）　55×15cm
表布（淺茶水玉圓點）　30×10cm
配色布（小格紋）　30×30cm
襯棉　70×30cm
裡布（格紋）　110×30cm
2.5cm·寬1.5cm的斜布條各55cm
※以寬2.5長50cm的斜紋布條
　處理裡布袋底的縫份。
※除了指定處之外，皆外加縫份0.7cm後裁剪。

圖案

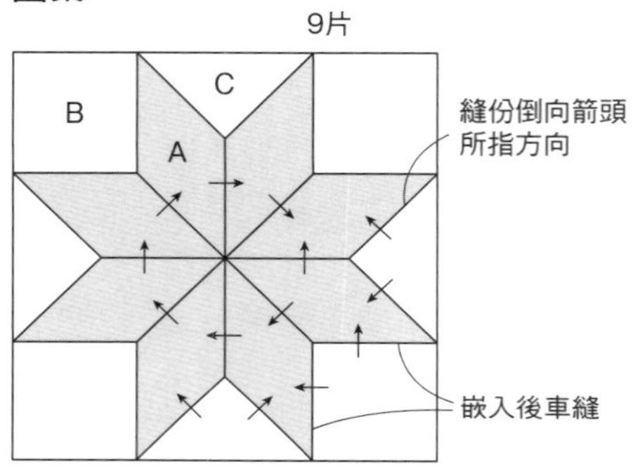

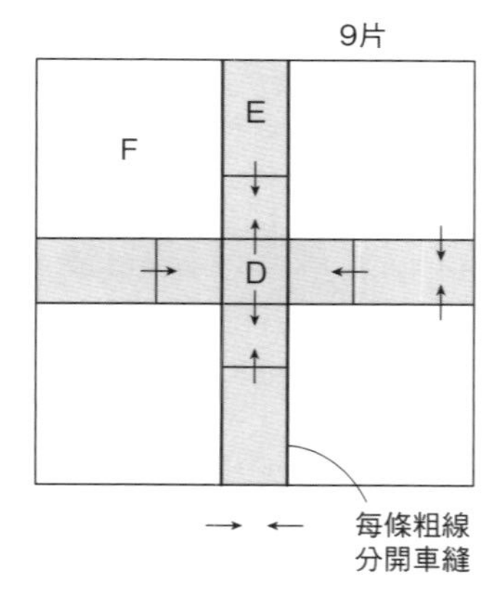

袋底 1片（配色布·襯棉·裡布）

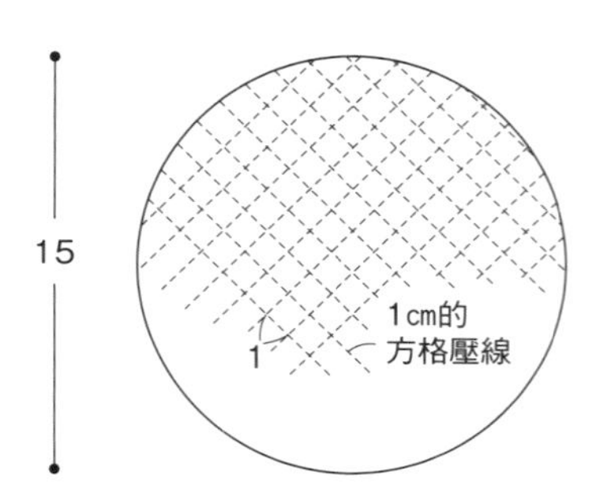

製圖

前袋身 1片（表布·襯棉·裡布）

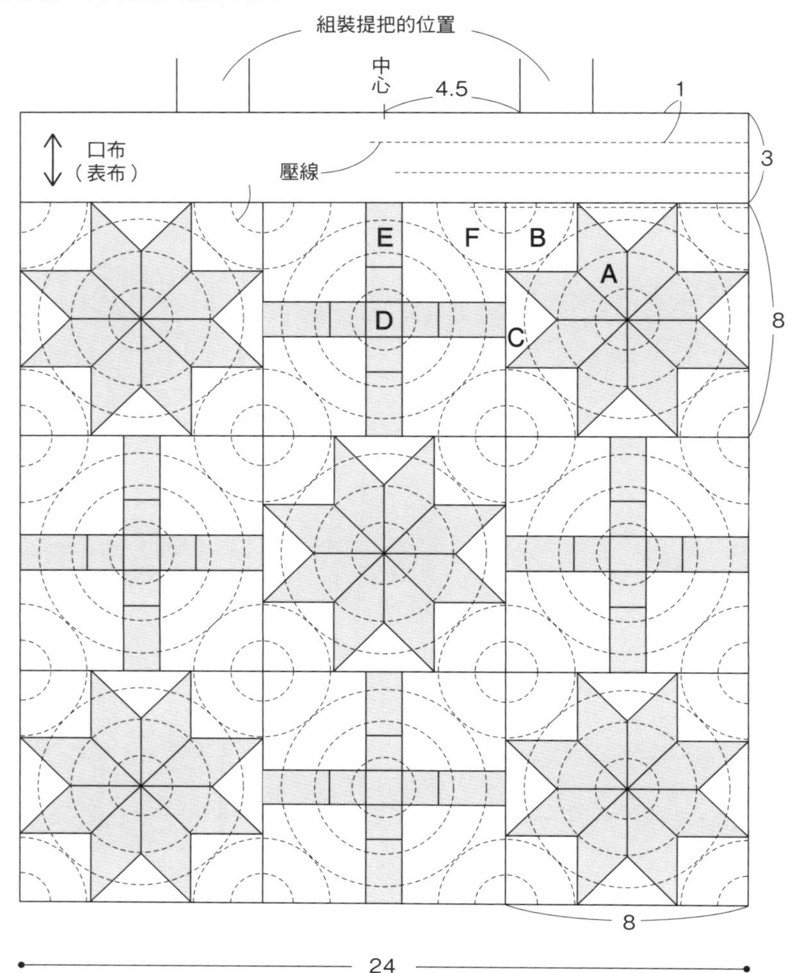

提把 2條

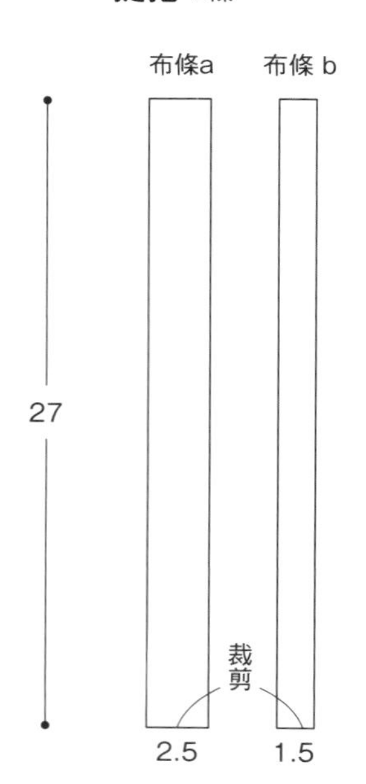

後袋身 1片（表布·襯棉·裡布）

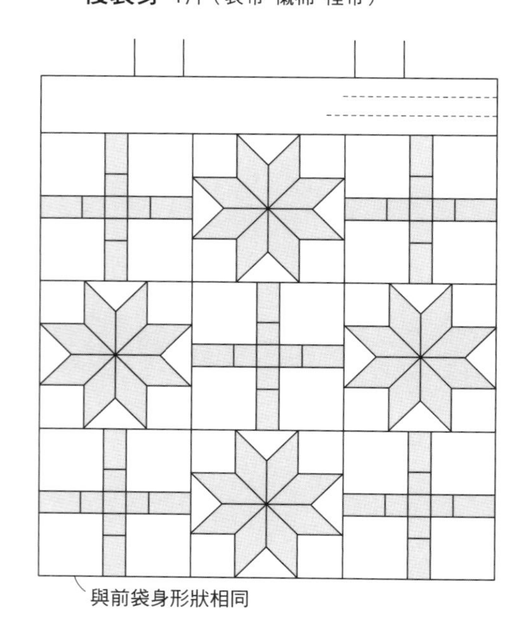

1 拼縫每九片布片組成的圖案，製作表布。
進行壓線製作袋身，
再車縫脇邊，以裡布包覆縫份。

袋身（正面）
車縫
以裡布
包覆縫份
預留2至3cm的縫份
加上壓線的袋身
（背面）

2 疊合表布、襯棉與裡布後
進行壓線。

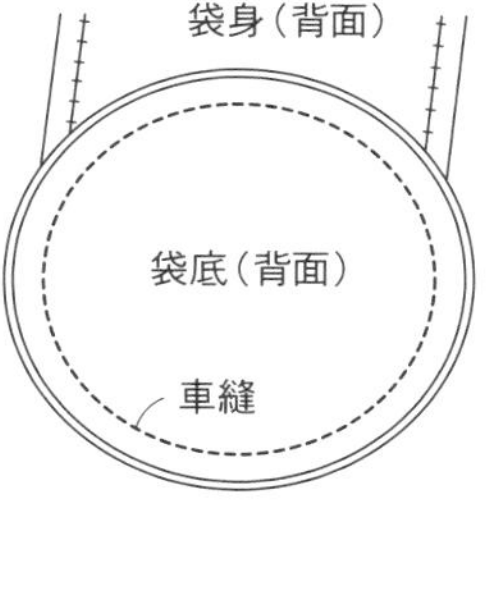
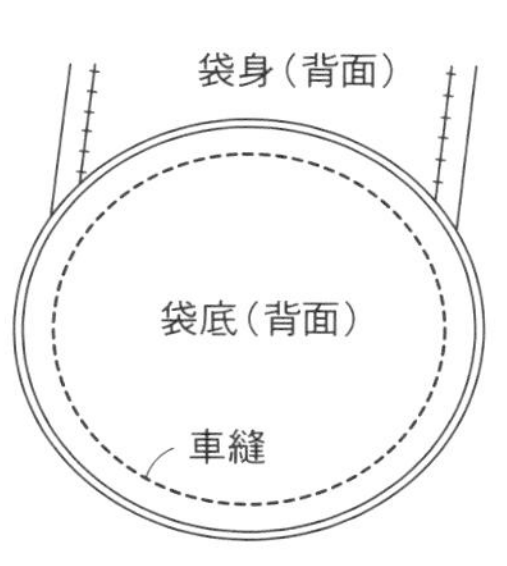

3 於側身與後袋身上進行壓線。

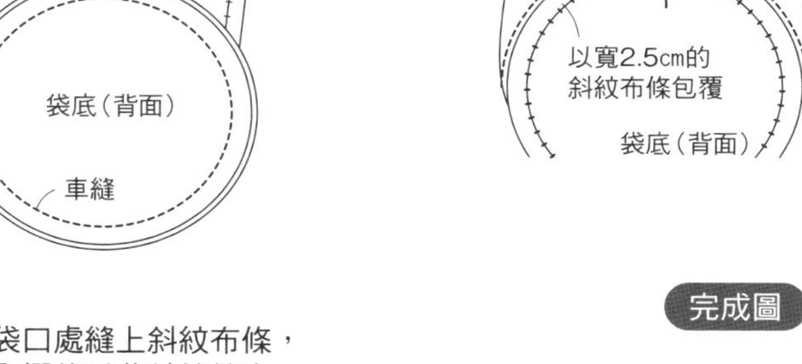

4 疊上提把的布條後車縫，
再縫至袋身上。

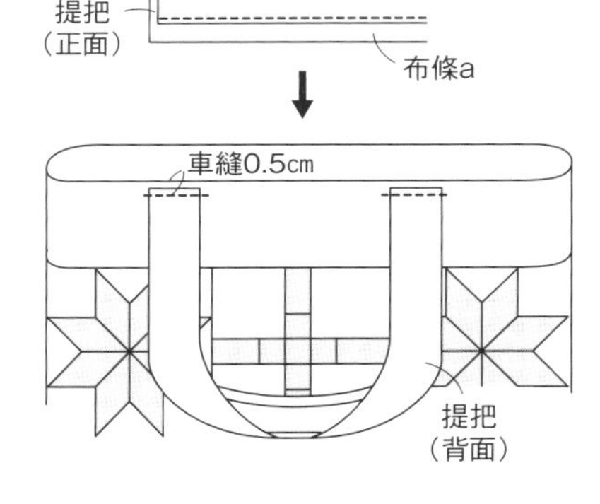

5 袋口處縫上斜紋布條，
內摺後以藏針縫縫合。

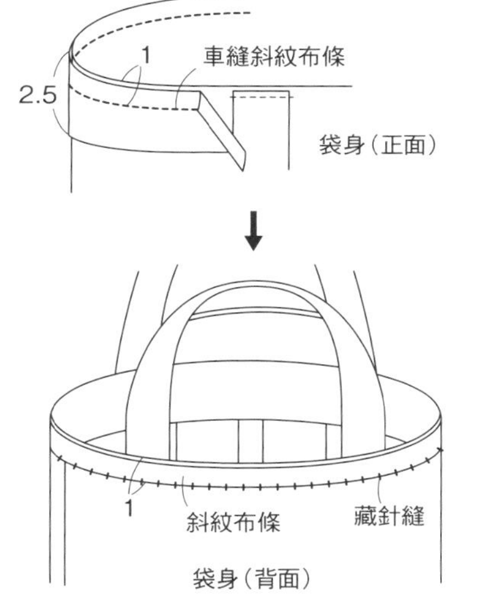

完成圖

27
15

原寸紙型

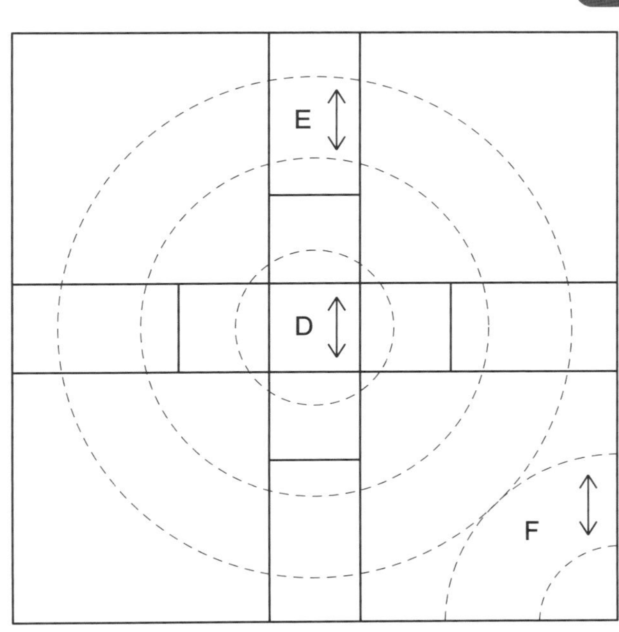

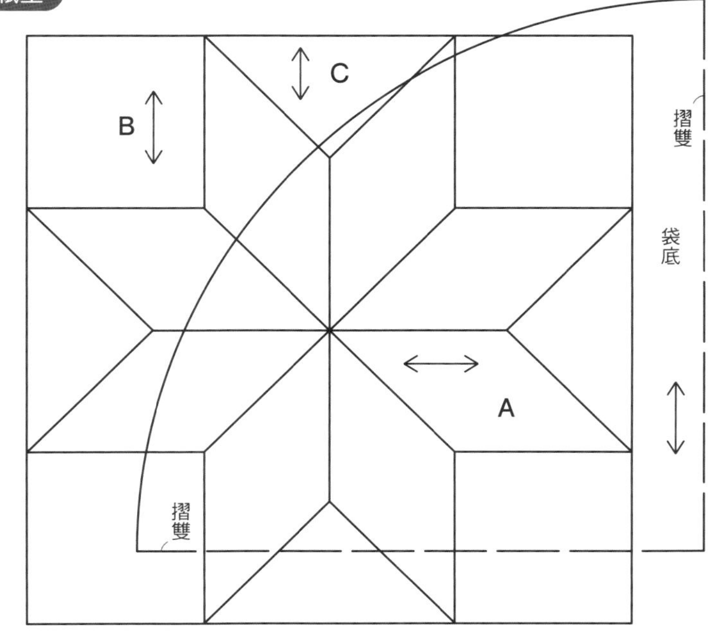

P.11作品No.7　潘朵拉之盒肩背包

原寸紙型

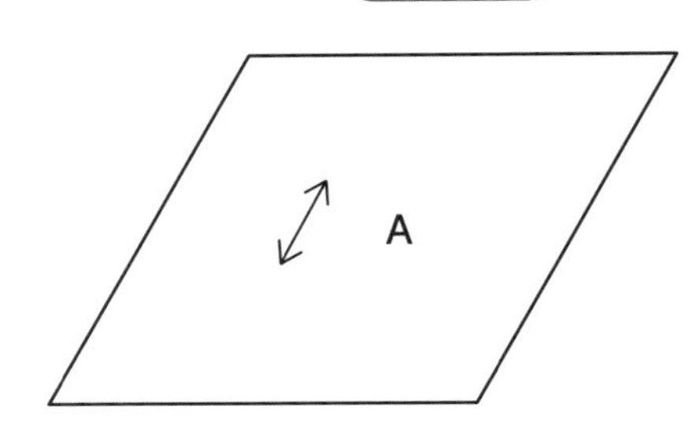

材料
拼布用布
（深色／A78片）　110×20cm
（中間色／A78）　110×20cm
（淺色／A78片）　110×20cm
表布（米黃色）　40×15cm
襯棉　80×40cm
裡布（印花）　110×40cm
直徑3mm的圓繩（蠟線）　660cm
※使用3.5×75cm的斜紋布條
　處理裡布的袋口縫份。
※準備234片與明信片尺寸相同的A布片紙型。
※提把以麻花編製作。
※除了指定處之外，皆外加縫份0.7cm。

提把 1片（圓繩長110cm，共六條）

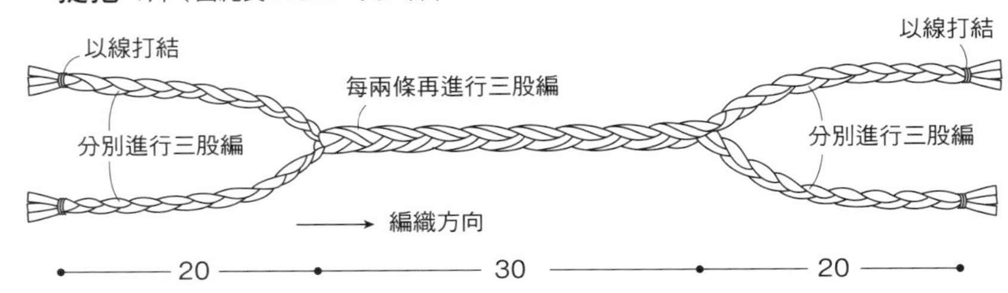

製圖

袋身 2片（表布·襯棉·裡布）

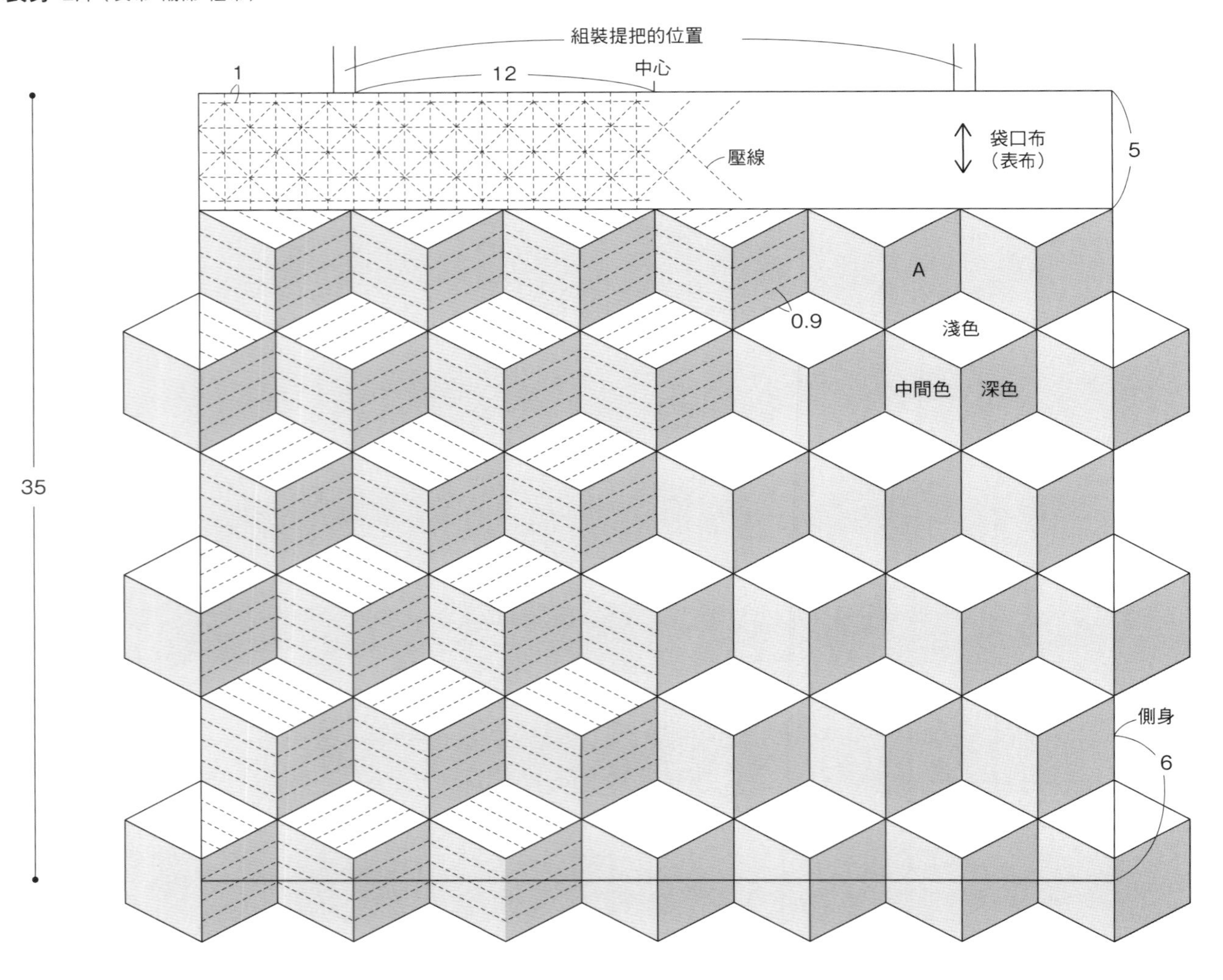

1 將紙型置於布料上，以疏縫線縫上各片紙型。

2 以細針趾進行捲針縫縫合各布片，完成後再攤開。

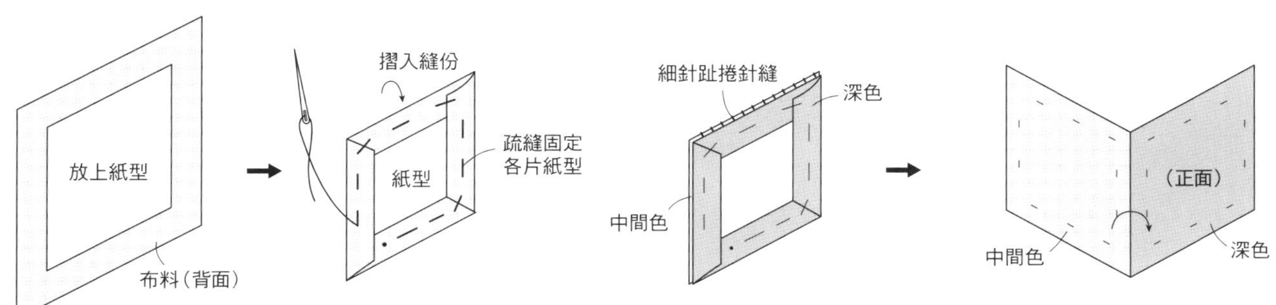

3 正面疊上下一塊布片後，
以捲針縫縫合。

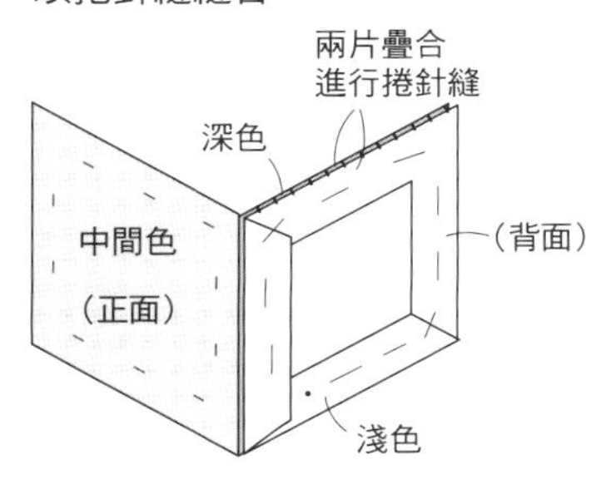

4 對齊其他邊緣後，
進行車縫。

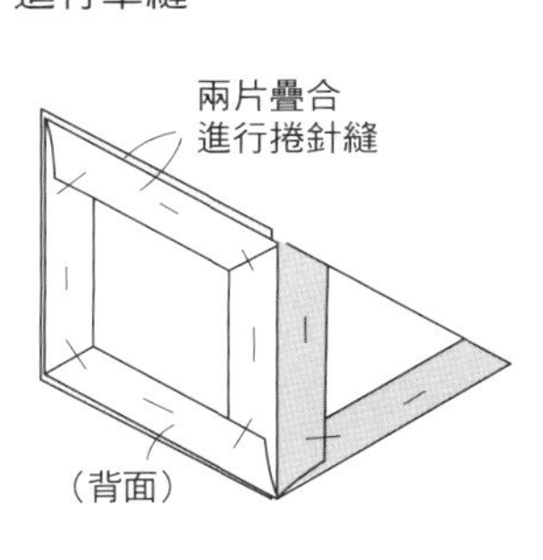

5 製作拼布片，車縫全部的布片。
拆除疏縫線及紙型。

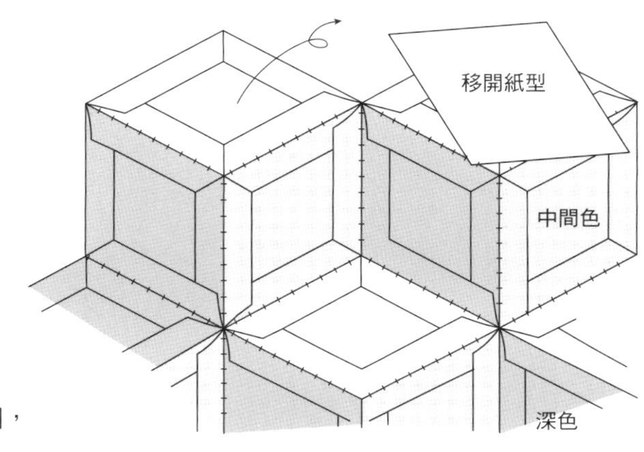

6 接縫袋口布，
疊上襯棉與裡布後進行壓線。

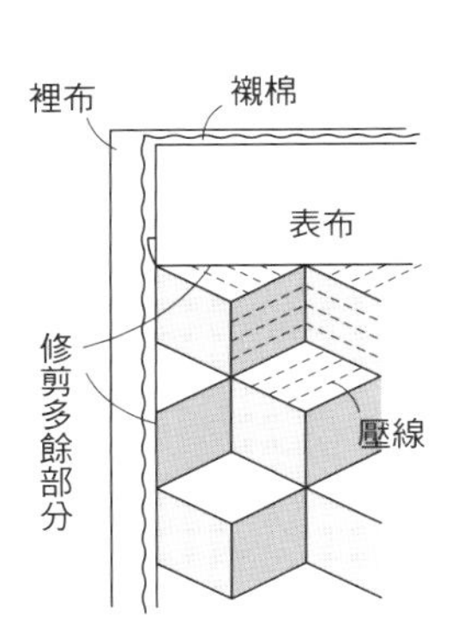

7 疊合兩片袋身，並車縫周圍，
再以斜紋布條包覆縫份。

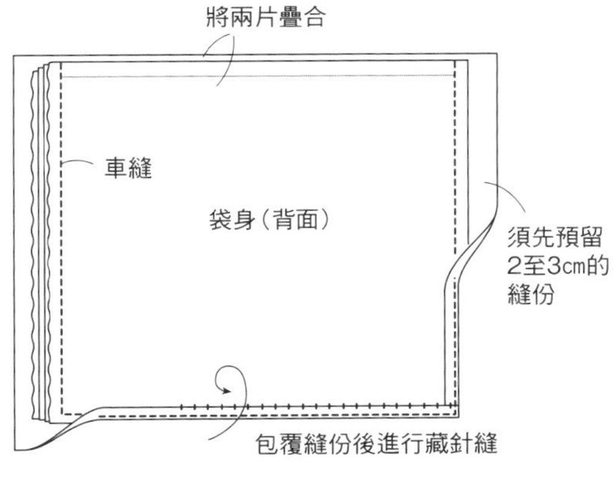

8 車縫側身，以斜紋布條包覆
側身的縫份。

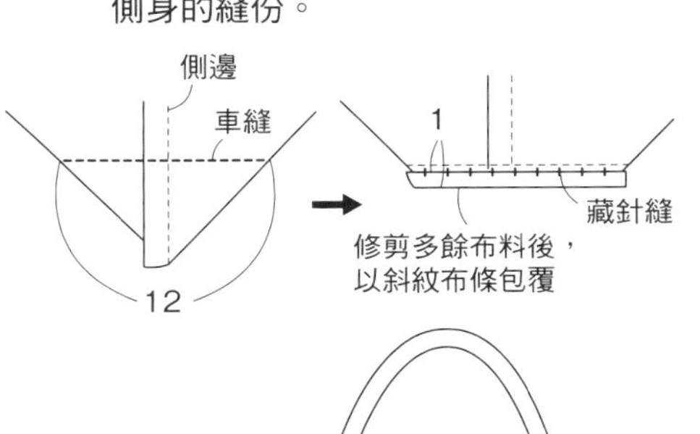

完成圖

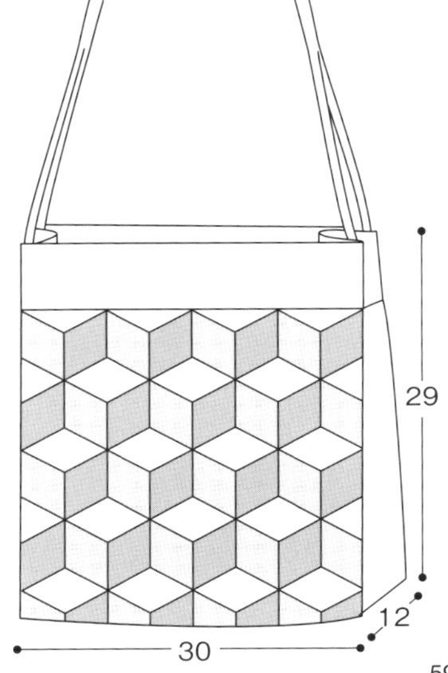

9 將提把縫至袋身上。

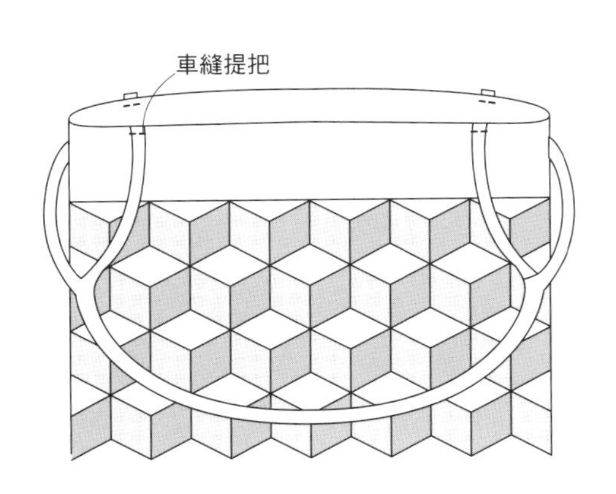

10 於袋口處車縫斜紋布條，
向內摺入後，以藏針縫縫合。

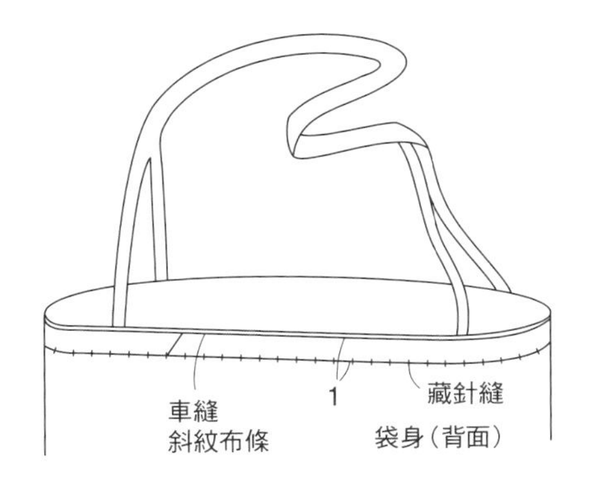

P.12作品No.8　八角圖案肩背包

材料
拼布片用布
（A 27片、B 15片、C 12片）　90×40cm
表布（米黃條紋）　90×40cm
配色布A（小格紋）　20×60cm
配色布B（大格紋）　30×20cm
滾邊用布（格紋）　55×45cm
襯棉　30×20cm
含膠襯棉　90×35cm
裡布（格紋）　95×35cm
寬4cm扁繩　120cm
直徑20cm磁釦　1組
35cm拉鍊　1條
直徑4mm棉繩　6cm
直徑5cm裝飾釦　1個
※使用3.5×240cm的斜紋布條滾邊。
※除了指定處之外，皆外加縫份0.7cm。

製圖

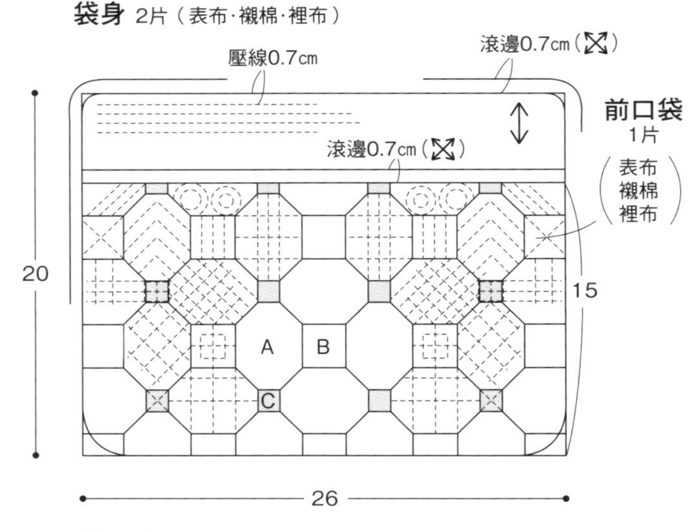

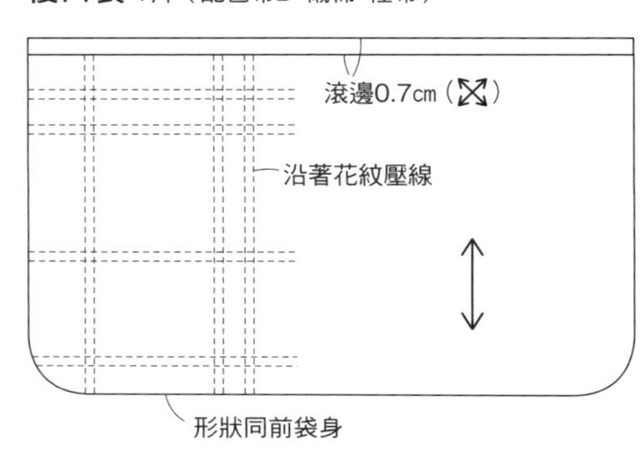

1　拼縫口袋的拼布。壓線後於袋口進行滾邊，
袋身壓線後疊上拼縫好的口袋縫合，再組裝磁釦。
後口袋依同樣作法縫至袋身上。

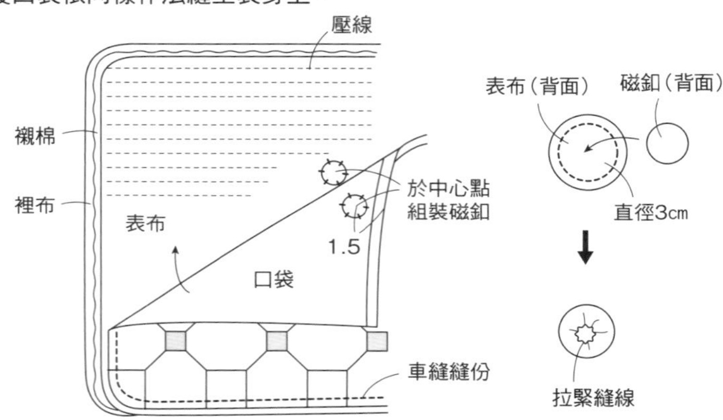

2　拉鍊口布放上拉鍊並車縫。修剪多餘縫份，將拉鍊立起壓線。
另一側的作法相同。

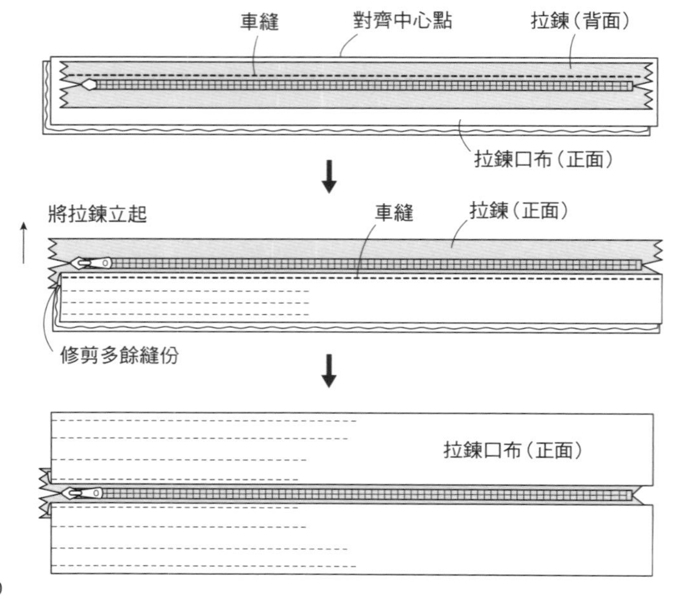

3　於下側身進行壓線，接著夾入扁繩並同時接縫拉鍊口布，
完成後，再以斜紋布條包覆縫份。

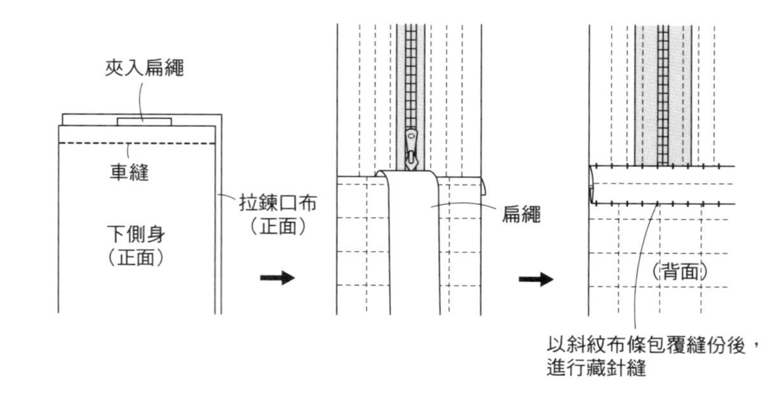

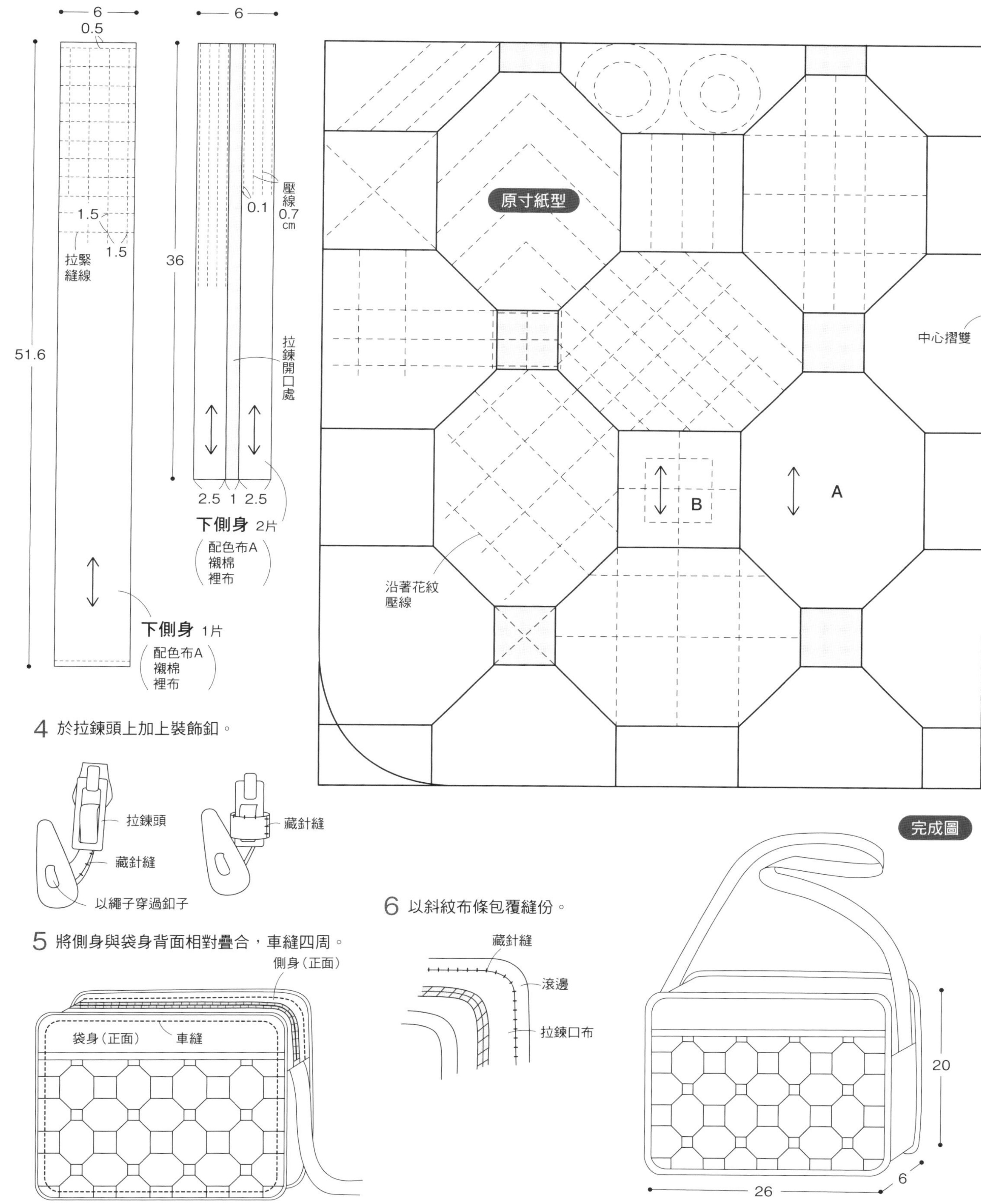

6
0.5
1.5
1.5
拉緊縫線
51.6
下側身 1片
配色布A
襯棉
裡布
6
0.1
壓線0.7cm
36
拉鍊開口處
2.5 1 2.5
下側身 2片
配色布A
襯棉
裡布
原寸紙型
中心摺雙
A
B
沿著花紋壓線
4 於拉鍊頭上加上裝飾釦。
拉鍊頭
藏針縫
以繩子穿過釦子
藏針縫
5 將側身與袋身背面相對疊合，車縫四周。
側身（正面）
袋身（正面）
車縫
6 以斜紋布條包覆縫份。
藏針縫
滾邊
拉鍊口布
完成圖
20
6
26

P.14作品No.9　提籃圖案梯形包

材料
拼布用布
（印花、格紋／A 82片、C 164片）　110×70cm
（小格紋／D・E 各82片、B 164片、F 28片）　110×90cm
表布（黑色亞麻）　35×30cm
滾邊用布（格紋）　55×45cm
襯棉　90×45cm
裡布（格紋）　95×45cm
25號繡線（茶色・卡其色・灰色）
※滾邊使用3.5×70cm的斜紋布條。
※除了指定處之外，皆外加縫份0.7cm。

提把 2條（表布4片）

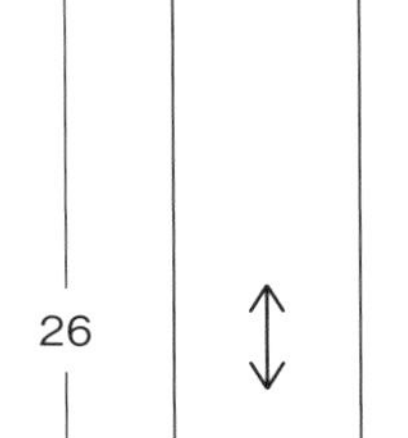

製圖

袋身 2片（表布・襯棉・裡布）

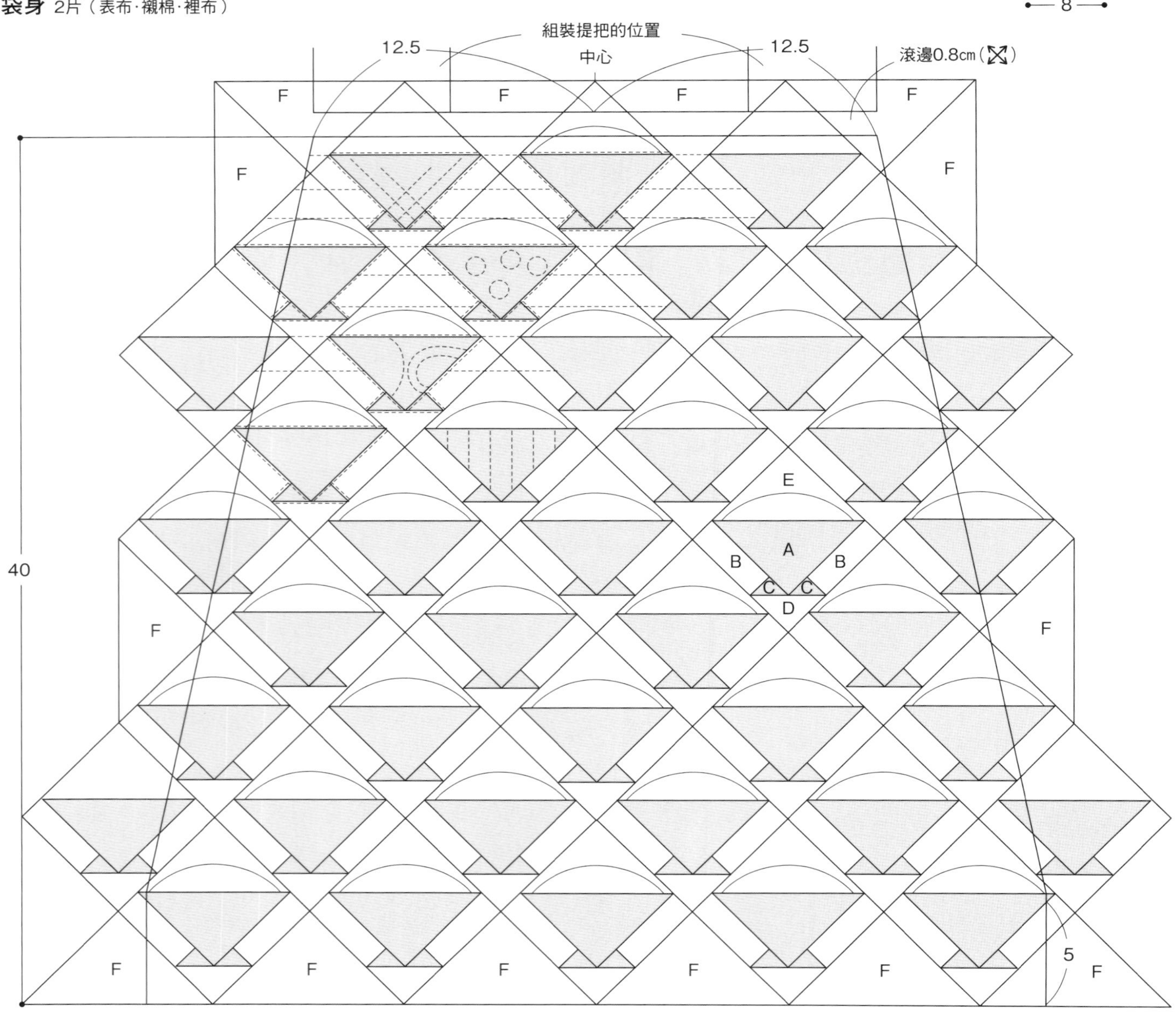

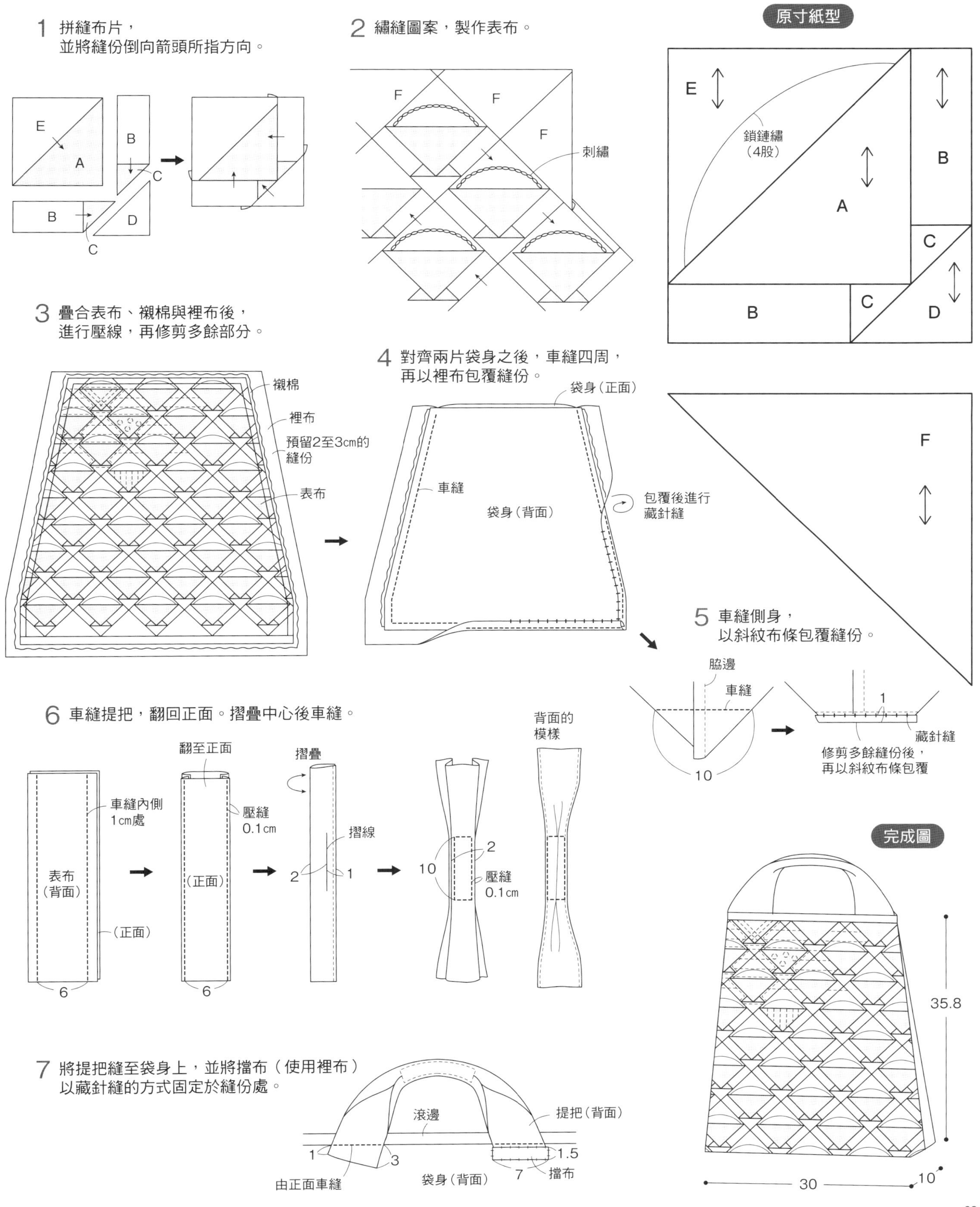
1 拼縫布片，
並將縫份倒向箭頭所指方向。
E
A
B
C
B
C
D
2 繡縫圖案，製作表布。
F
F
F
刺繡
原寸紙型
E
鎖鏈繡
（4股）
A
B
C
B
C
D
F
3 疊合表布、襯棉與裡布後，
進行壓線，再修剪多餘部份。
襯棉
裡布
預留2至3cm的
縫份
表布
4 對齊兩片袋身之後，車縫四周，
再以裡布包覆縫份。
袋身（正面）
車縫
袋身（背面）
包覆後進行
藏針縫
5 車縫側身，
以斜紋布條包覆縫份。
脇邊
車縫
10
1
藏針縫
修剪多餘縫份後，
再以斜紋布條包覆
6 車縫提把，翻回正面。摺疊中心後車縫。
車縫內側
1cm處
表布
（背面）
（正面）
6
翻至正面
壓縫
0.1cm
（正面）
6
摺疊
摺線
2
1
10
2
壓縫
0.1cm
背面的
模樣
完成圖
35.8
30
10
7 將提把縫至袋身上，並將擋布（使用裡布）
以藏針縫的方式固定於縫份處。
滾邊
提把（背面）
1
3
1.5
由正面車縫
袋身（背面）
7
擋布

P.15作品No.10 圓形肩背包

材料
拼布用布　適量
（布塊a／A至K 各1片、布塊b／O·N 各1片、L 9片、M 4片）
（布塊c／P 20片、布塊d／SS'　各2片、Q·R 各4片）
（中心／T 1片、U 4片）（後片／V 14片、V'　21片）
表布（黑色）　25×35cm
配色布（花形圖案）　25×20cm
滾邊用布（黑色）　55×45cm
襯棉　110×25cm
裡布（格紋）　110×55cm
直徑3mm棉繩　130cm
25cm拉鍊　1條
寬2.5cm扁繩　120cm
拉鍊頭吊飾　2個
※裡布的滾邊使用3.5×65cm的斜紋布條2條。
※袋身的原寸紙型P.66・P.67。
※除了指定處之外，皆外加縫份0.7cm。

製圖

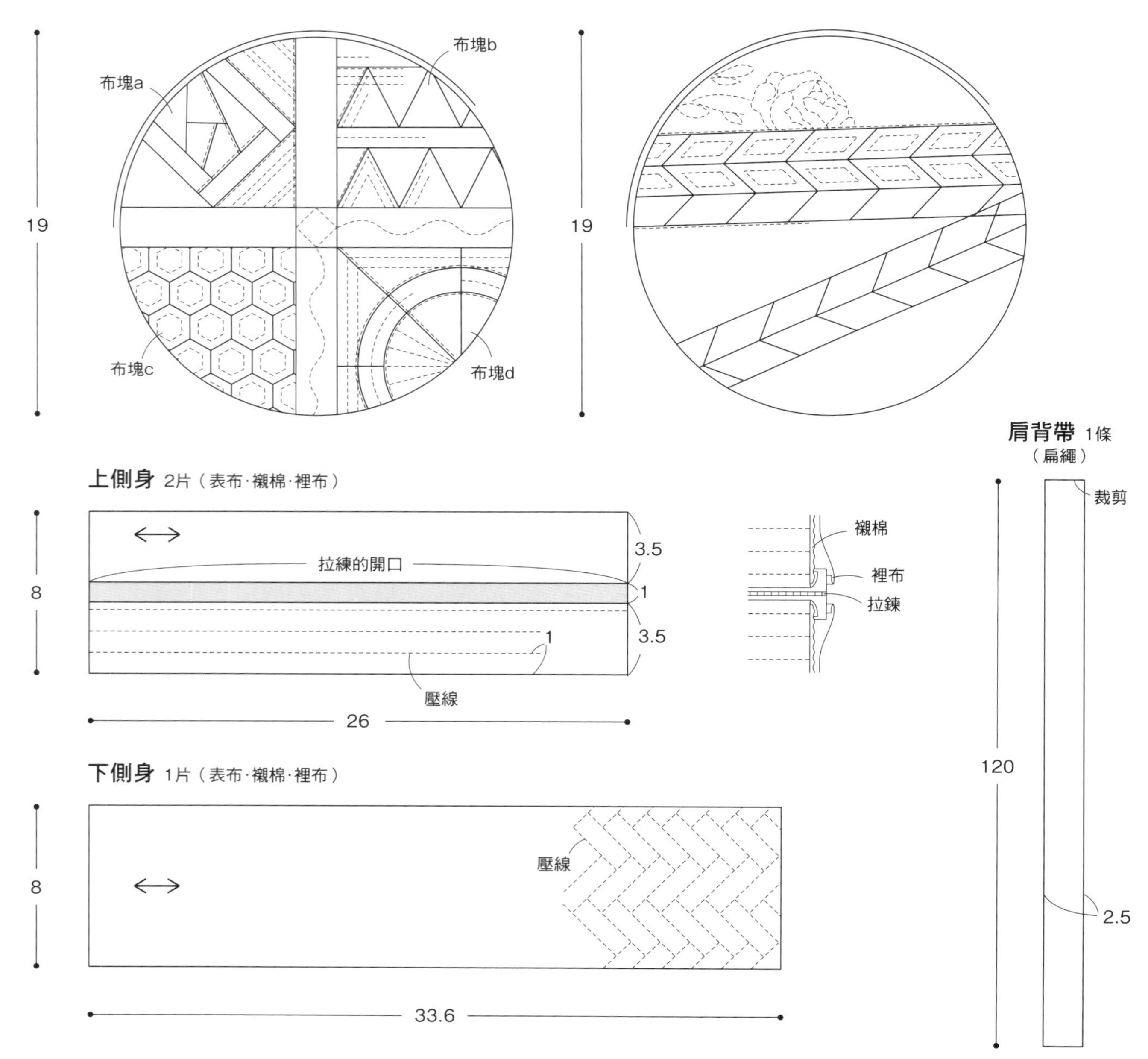

1 拼縫各個布塊，並將縫份倒向箭頭所指方向。

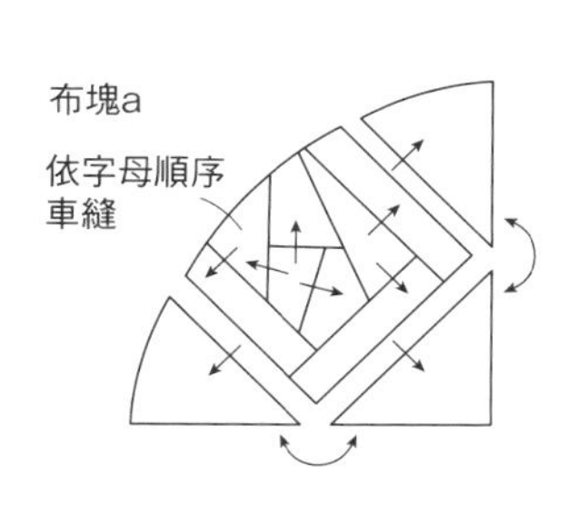

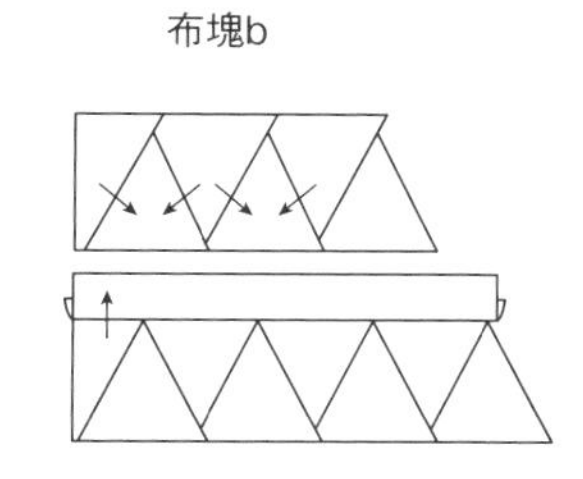

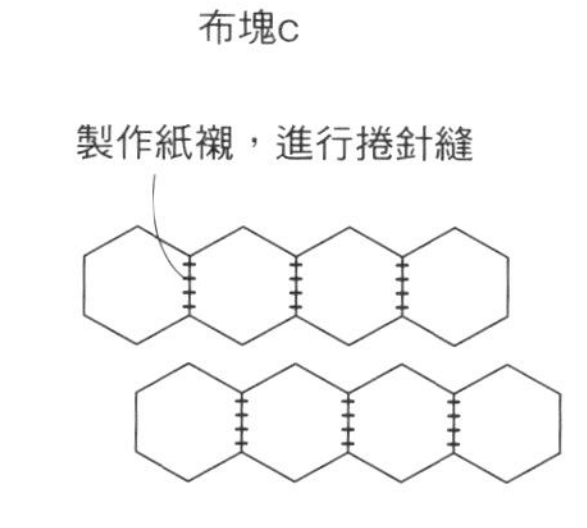

2 拼縫布塊製作表布，疊合襯棉與裡布之後，再進行壓縫。

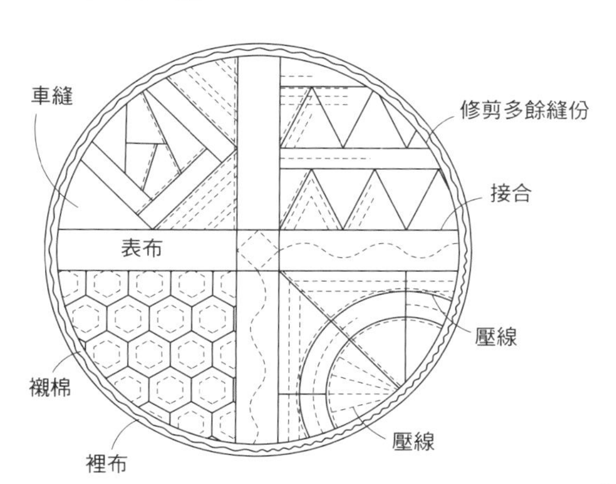

3 夾入拉鍊後車縫拉鍊口布，再翻至正面。

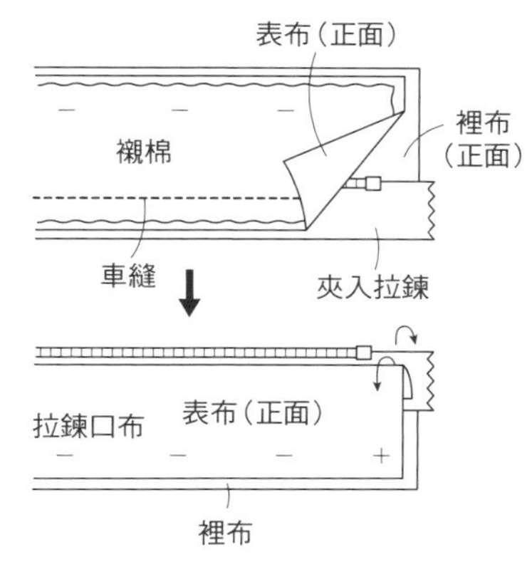

4 另一側拉鍊作法相同。

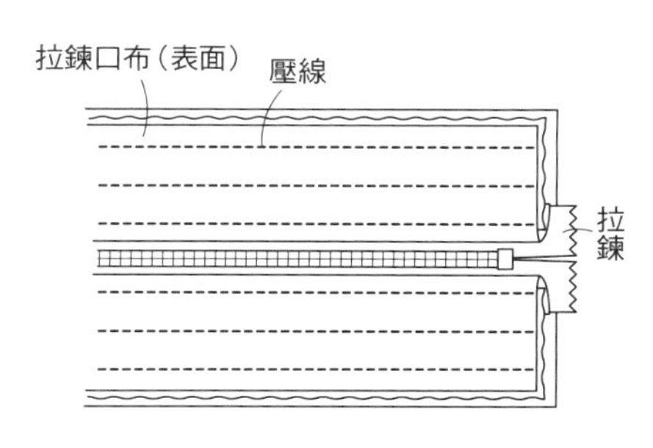

5 於下側身進行壓線。

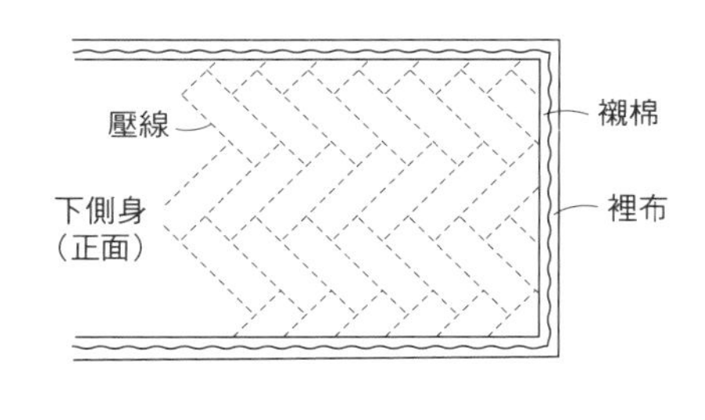

6 以拉鍊口布與下側身夾車肩背帶，並於側身的縫份處縫上包繩。

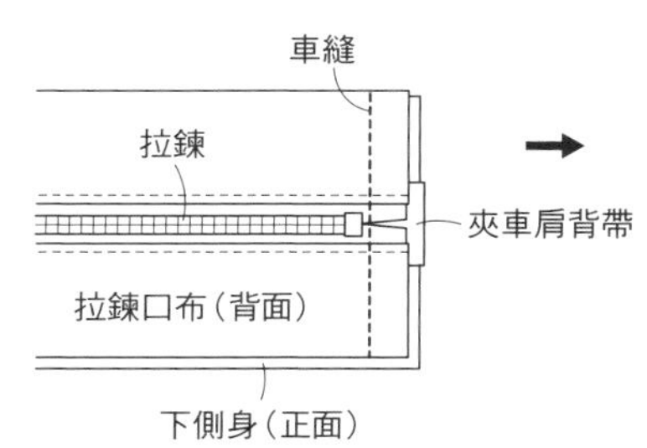

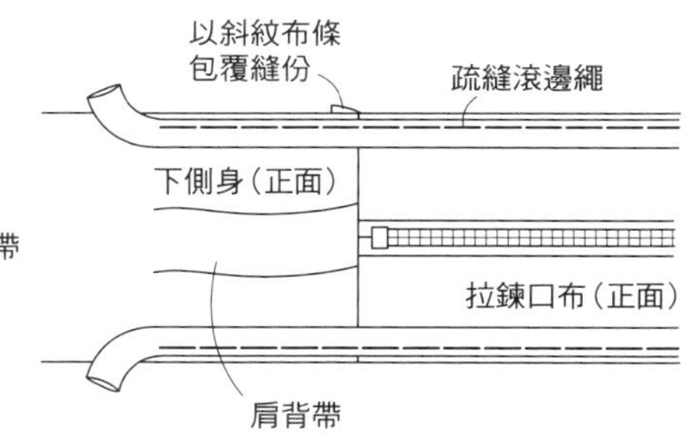

7 將袋身與側身正面相對後，車縫四周。車縫時，可先將拉鍊稍微打開，較容易操作，完成後，再以斜紋布條包覆四周的縫份。

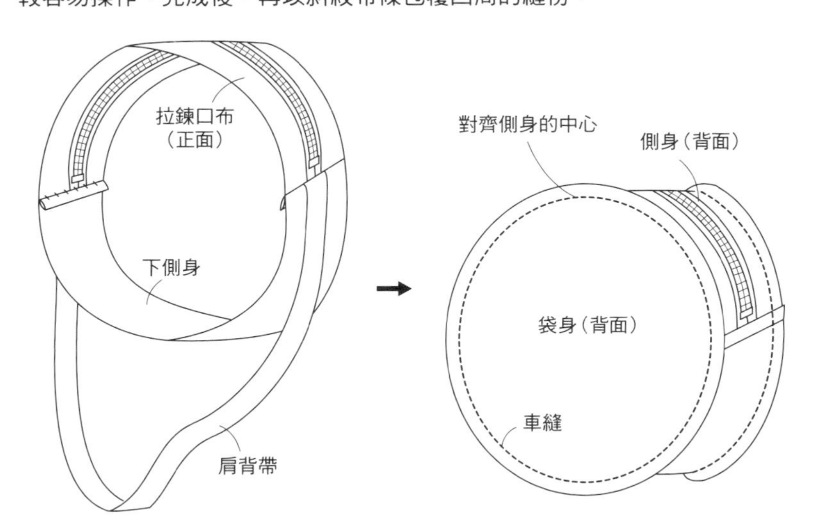

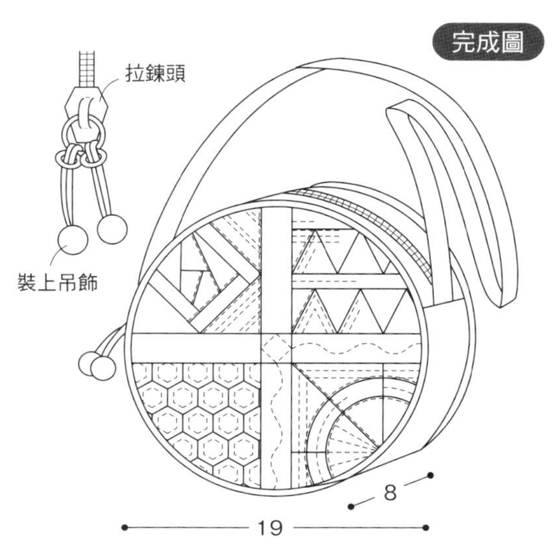

P.15作品No.10　圓形肩背包

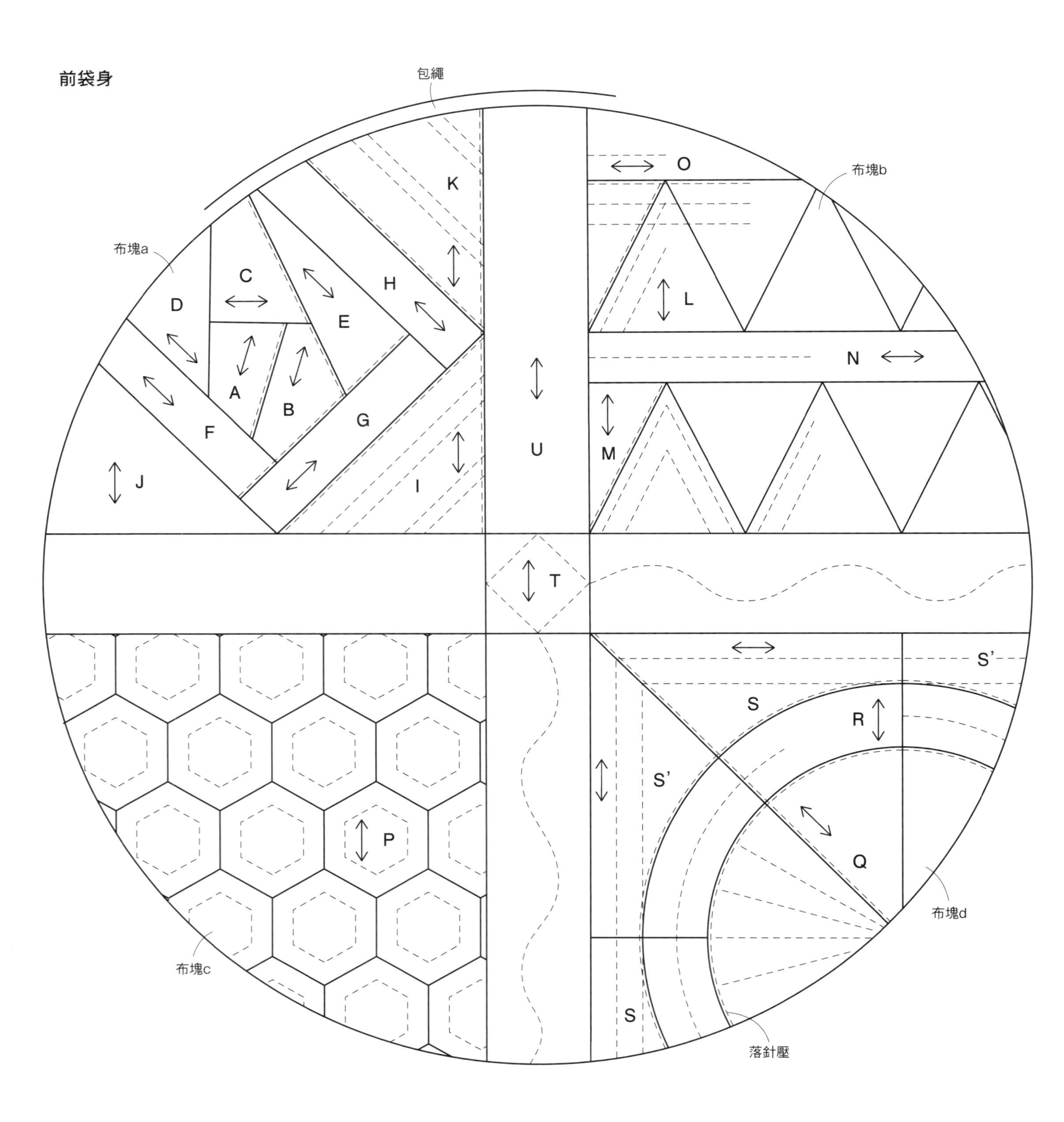

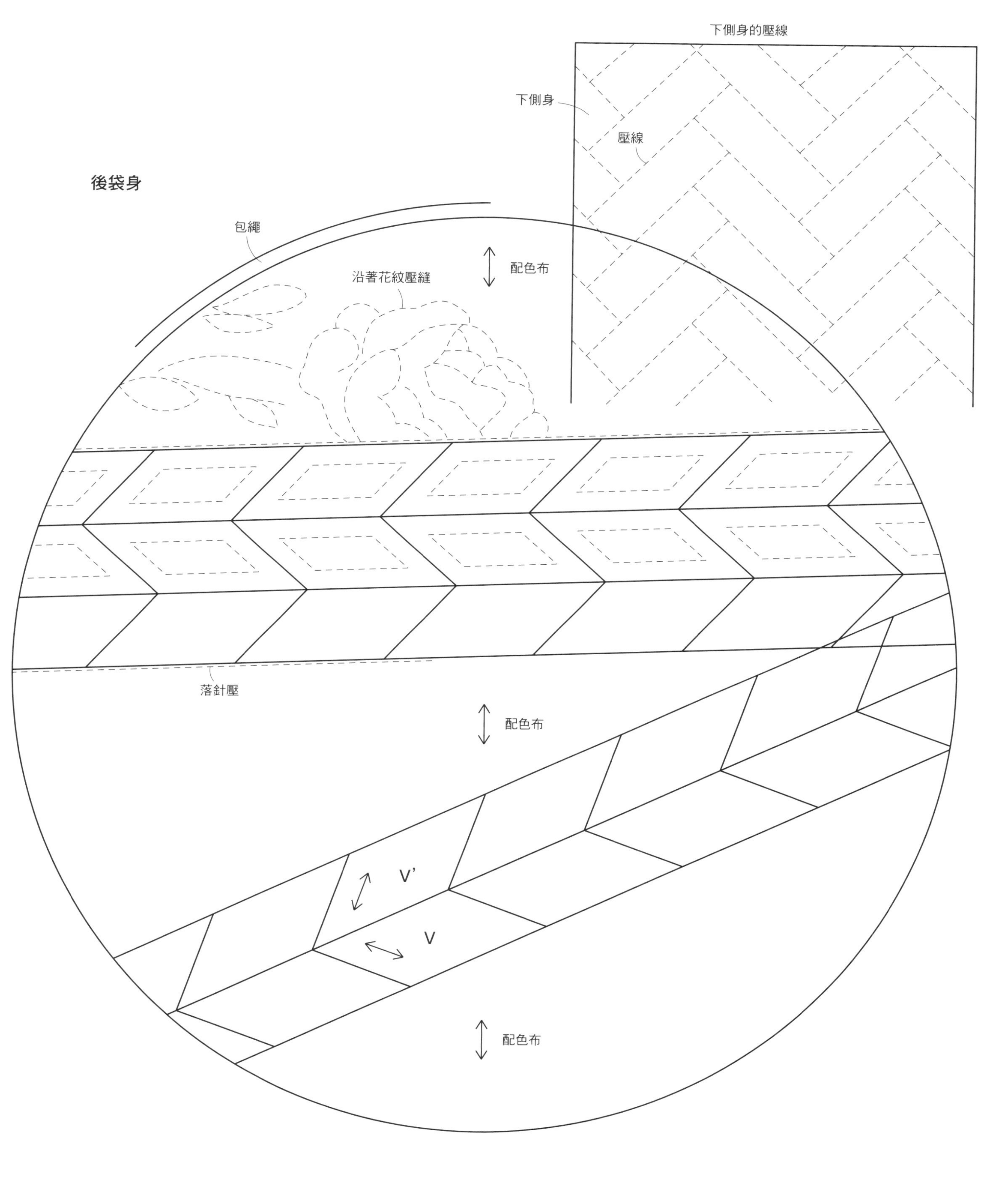

下側身的壓線
下側身
壓線
後袋身
包繩
配色布
沿著花紋壓縫
落針壓
配色布
V'
V
配色布

P.16作品No.11　花朵貼布繡化妝包

材料
布繡用布　適量
表布（灰色條紋）　45×15cm
配色布（灰色水玉圓點）　45×10cm
側身用布（格紋）　40×40cm
滾邊用布（條紋）　25×20cm
吊耳布用布（格紋）　16×6cm
襯棉　45×15cm
含膠襯棉　40×8cm
裡布（格紋）　80×30cm
直徑1mm蠟線　10cm
16cm拉鍊　1條
拉鍊頭吊飾　2個、串珠　3顆
※袋口滾邊使用3.5×20cm的斜紋布條兩條，
　裡布的縫份處理使用2.5×45cm的斜紋布條。
※除了指定處之外，皆外加縫份0.7cm。

1 於側身背面熨燙襯棉，
疊上熨燙布襯的裡布後進行壓線。

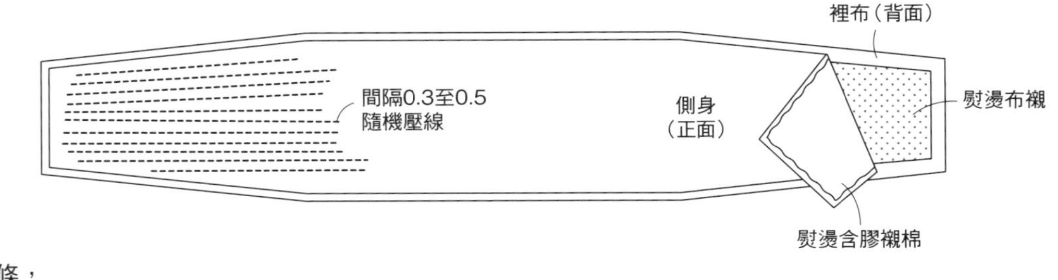

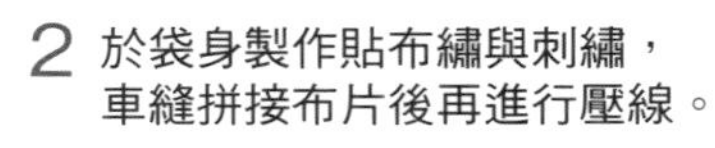
2 於袋身製作貼布繡與刺繡，
車縫拼接布片後再進行壓線。

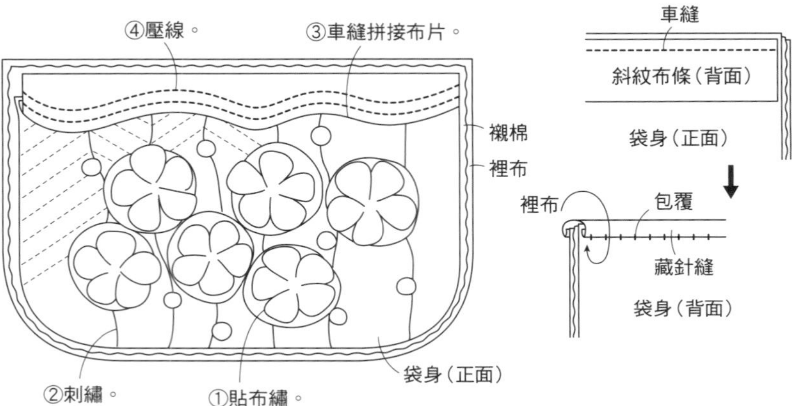

3 袋口車縫滾邊。

車縫
斜紋布條（背面）
袋身（正面）
裡布
包覆
藏針縫
袋身（背面）

4 將拉鍊車縫至袋身上。

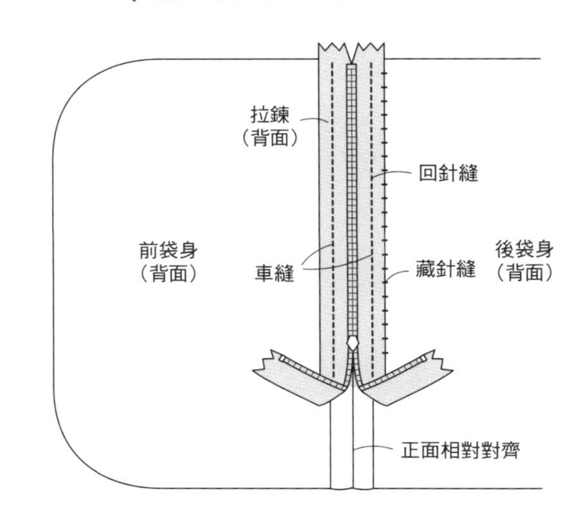

5 側身與袋身正面相對疊合後車縫四周。
以斜紋布條處理縫份。

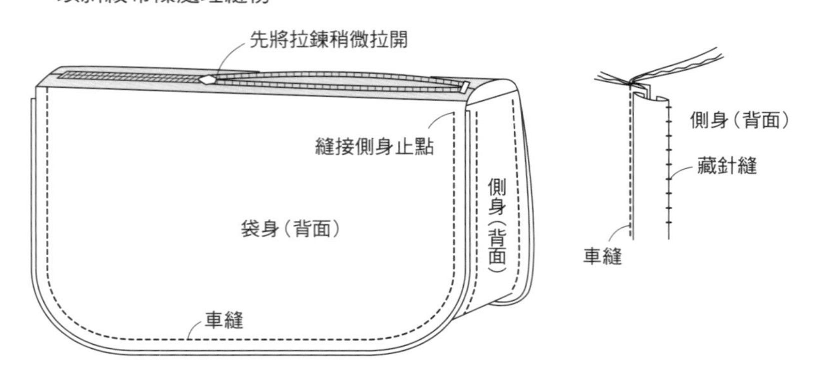

側身（背面）
藏針縫
車縫

6 車縫吊耳布，翻至正面再於兩側壓縫裝飾線。

吊耳布 兩片
6
裁剪
8
1
（背面）
摺疊
熨開縫份
壓縫
0.2cm
翻至正面

完成圖

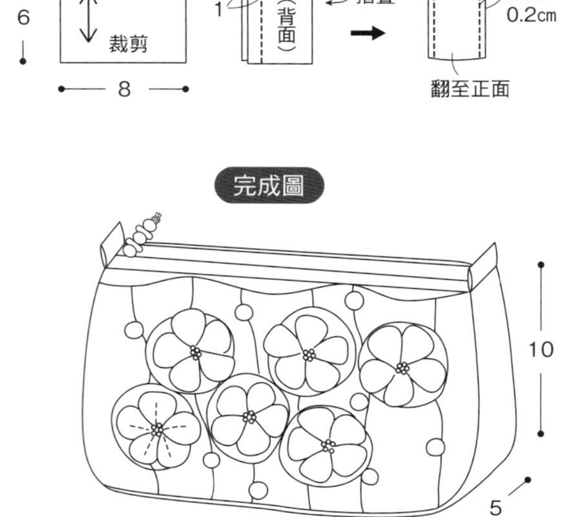

7 夾入吊耳布，車縫拉鍊尾端，再以斜紋布包覆縫份。
完成後，將吊飾組裝至拉鍊頭上。

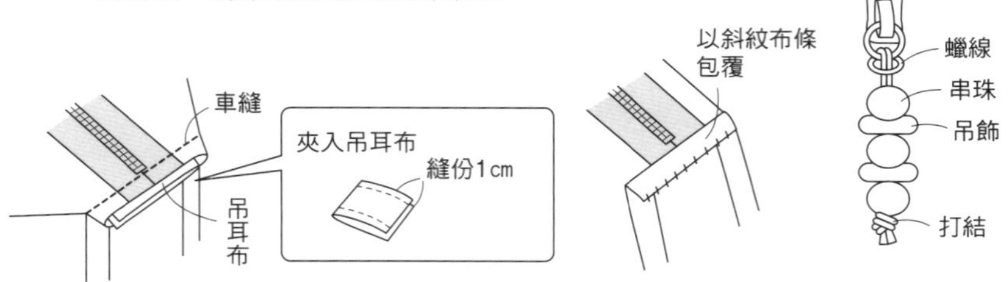

蠟線
串珠
吊飾
打結

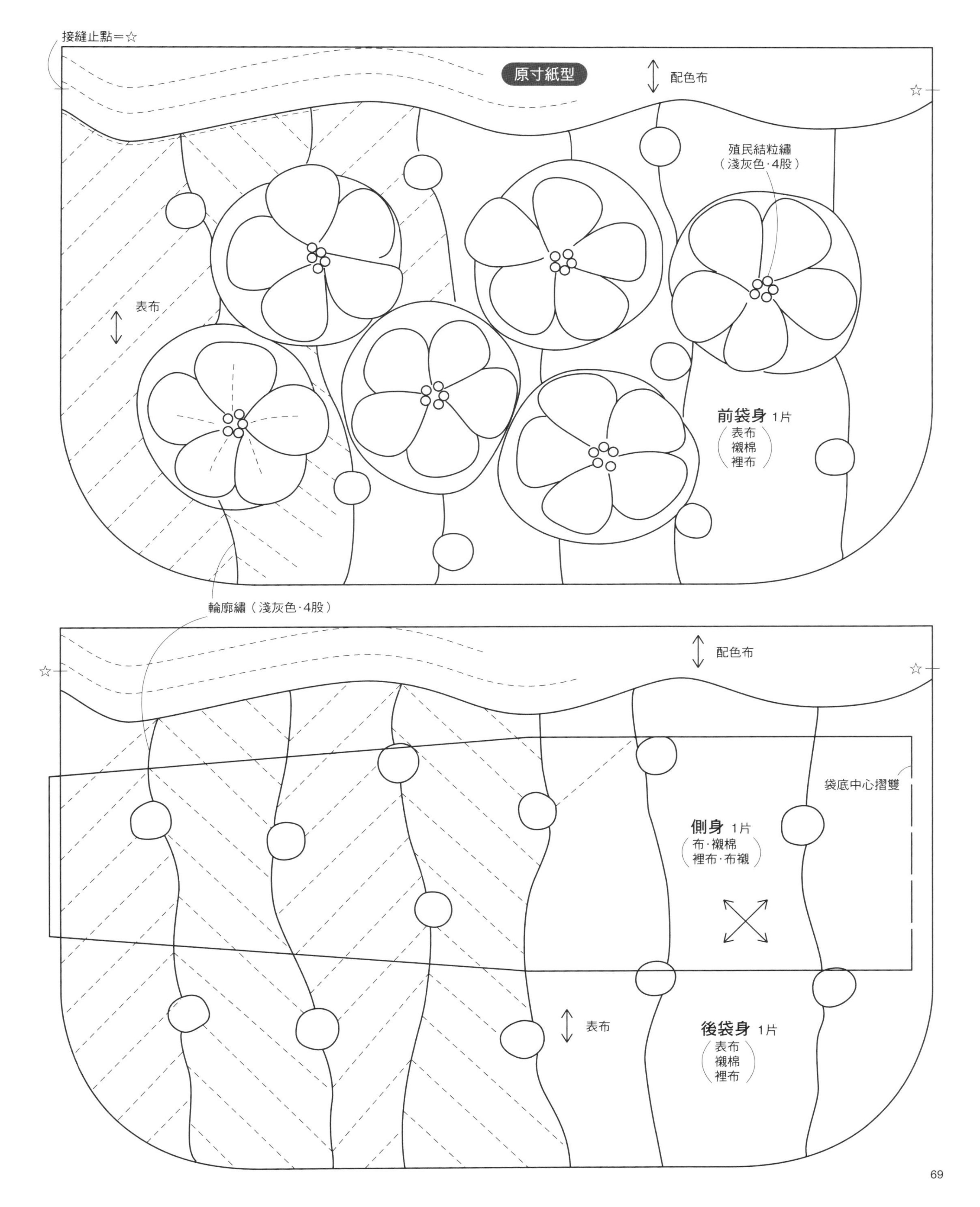

接縫止點＝☆
原寸紙型
配色布
殖民結粒繡（淺灰色·4股）
表布
前袋身 1片
表布
襯棉
裡布
輪廓繡（淺灰色·4股）
配色布
袋底中心摺雙
側身 1片
布·襯棉
裡布·布襯
表布
後袋身 1片
表布
襯棉
裡布

P18作品No.12　緺褶化妝包

材料
拼布用布（AA'・BB'・CC' 各28片）
合計50×50cm
滾邊布（格紋） 45×35cm
底布（格紋） 15×25cm
含膠襯棉 30×40cm
含膠薄布襯 25×8cm
薄布襯 25×16cm
裡布（格紋） 50×30cm
底用擋布 25×10cm
直徑1mm蠟線 10cm
30cm拉鍊 1條
拉鍊吊飾用串珠 2顆
※袋口滾邊使用3.5×45cm的斜紋布條2條。
※除了指定處之外，皆外加縫份0.7cm。

袋身 2片（表布·襯棉·裡布）

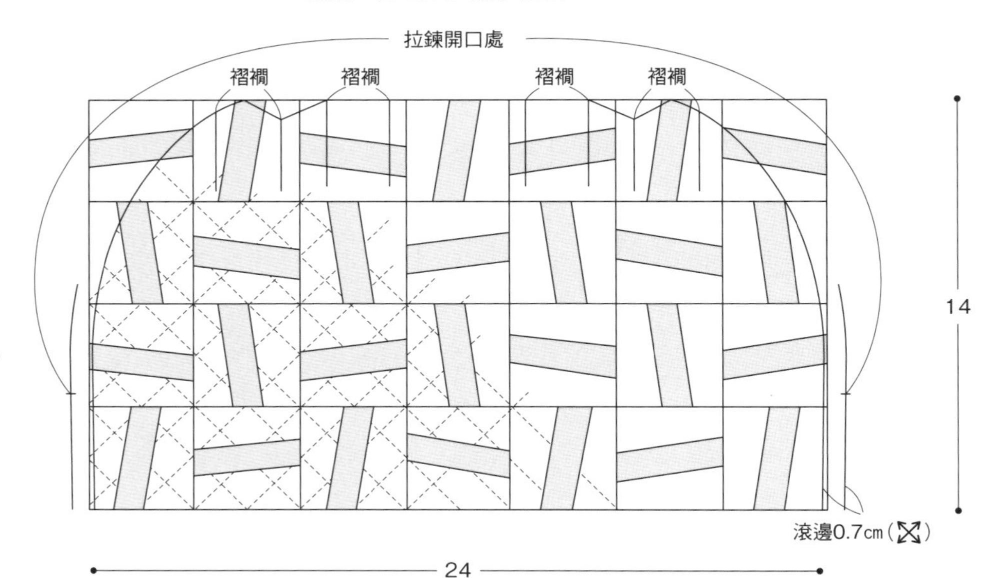

1 拼縫布片，
並將縫份倒向中心側。

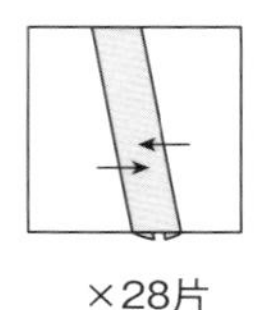
×28片

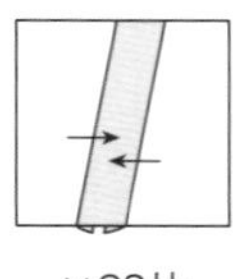
×28片

袋底 1片（布料·含膠襯棉·擋布·裡布·含膠薄布襯）

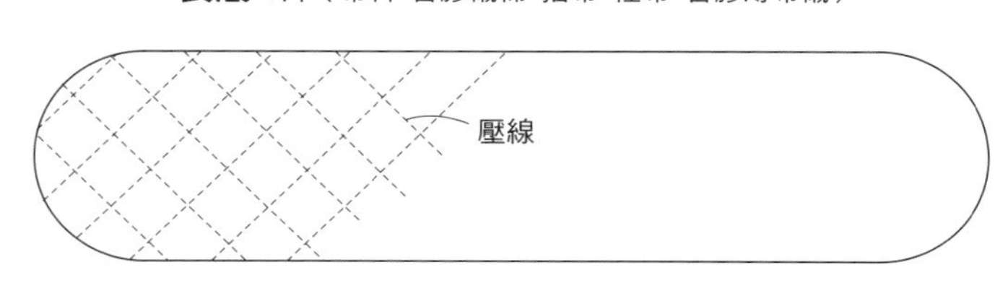

2 車縫表布。

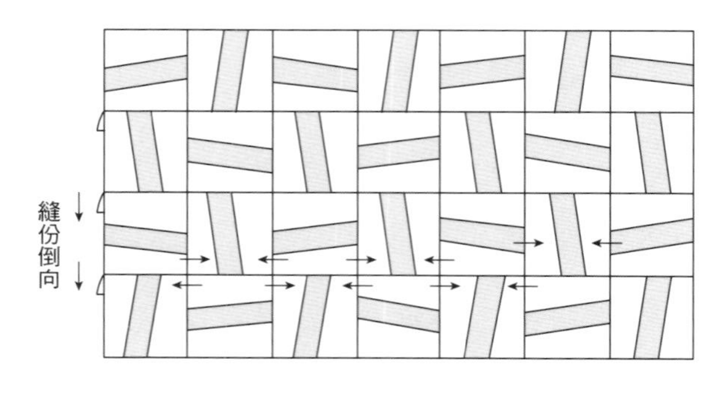

3 重疊表布、襯棉與裡布後
進行壓線，袋口製作
褶襉後車縫固定。

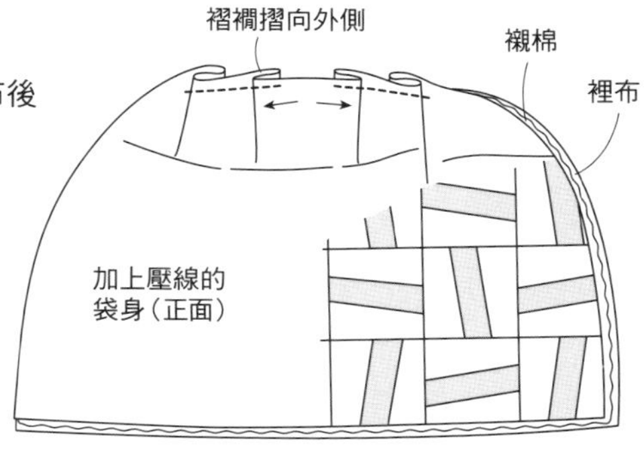

4 於袋身四周滾邊，
再將拉鍊組裝至袋身上。

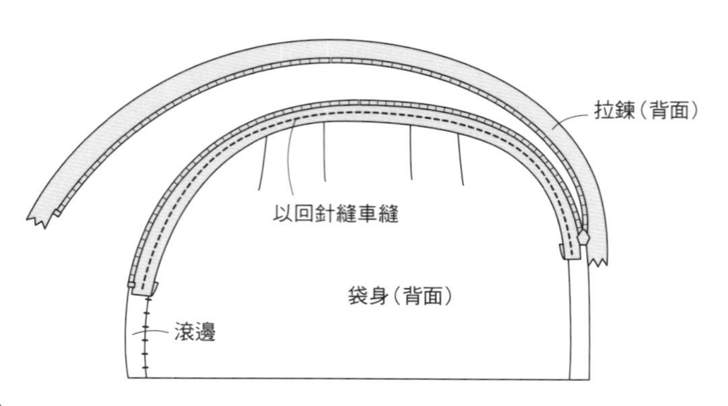

5 縫上另一邊的拉鍊。
脇邊以捲針縫縫合。

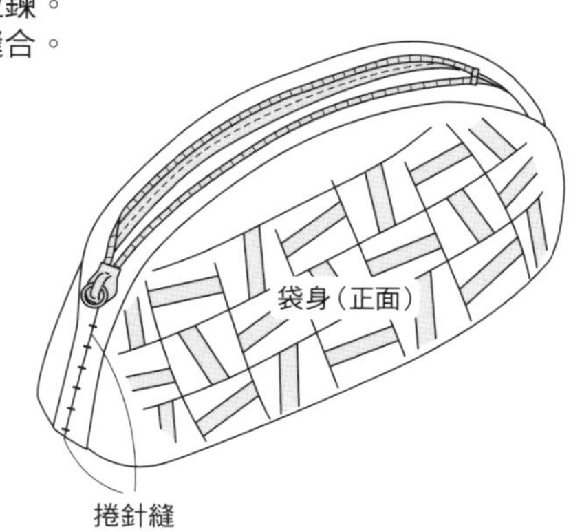

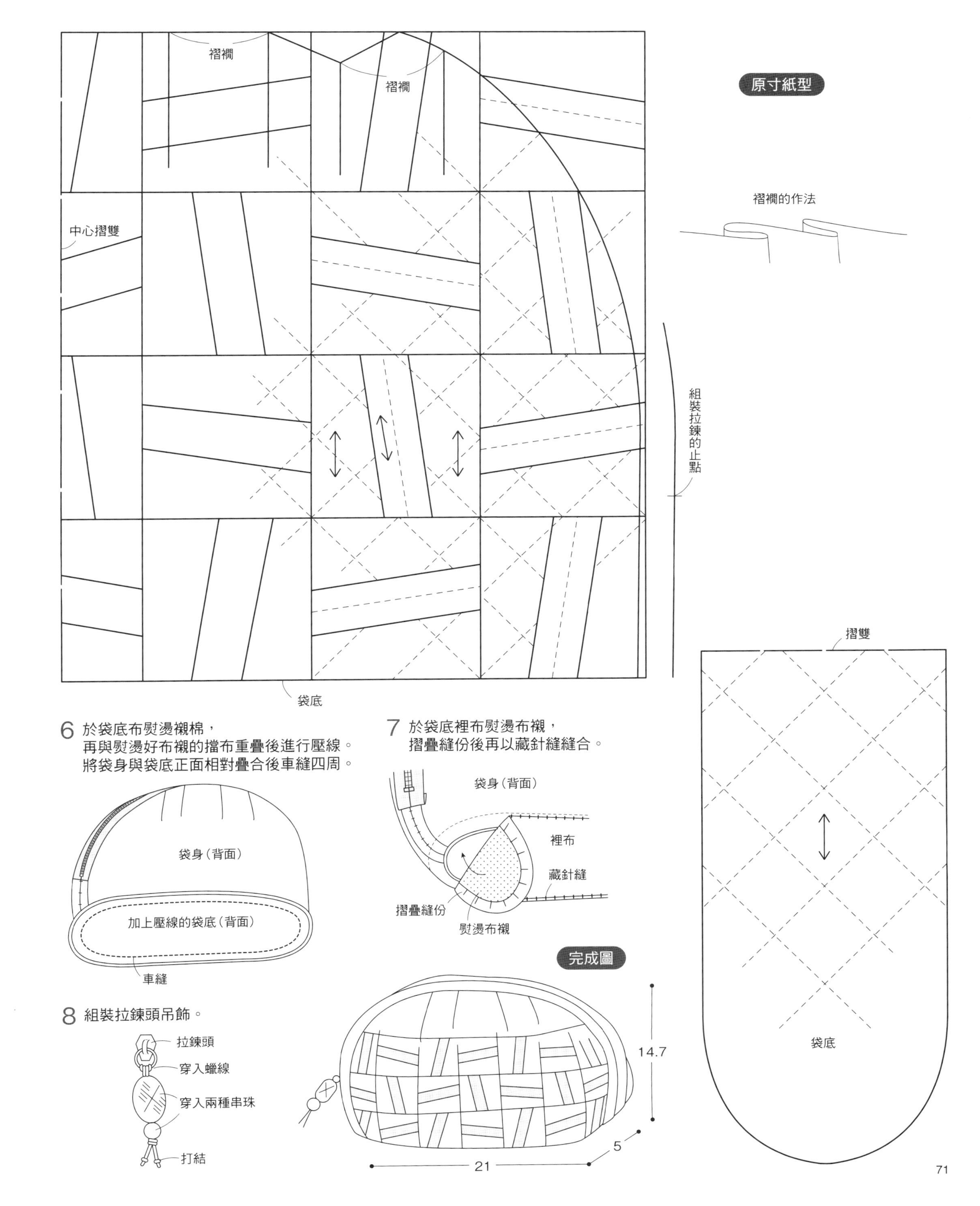

6 於袋底布熨燙襯棉，
再與熨燙好布襯的擋布重疊後進行壓線。
將袋身與袋底正面相對疊合後車縫四周。

7 於袋底裡布熨燙布襯，
摺疊縫份後再以藏針縫縫合。

8 組裝拉鍊頭吊飾。

P.19作品No.13　水杯圖案化妝包

材料
拼布用布（A 44片、B 12片、B' 10片）
合計　110×15cm
滾邊布（格紋）　20×20cm
表布（淺茶色）　25×25cm
襯棉　40×50cm
含膠襯棉　8×4cm
裡布（格紋）　60×30cm
20cm拉鍊　1條
寬1cm布條　7cm
拉鍊吊飾用的花片　2個、串珠　1顆
※袋口滾邊使用3.5×23cm的斜紋布條2條，
　裡布縫份處理使用3.5×90cm的斜紋布條。
※除了指定處之外，皆外加縫份0.7cm。

製圖

袋身 1片（表布·襯棉 裡布）

30
15.5
B
B'
B
A
B'
B

側身 1片（表布·襯棉·裡布）

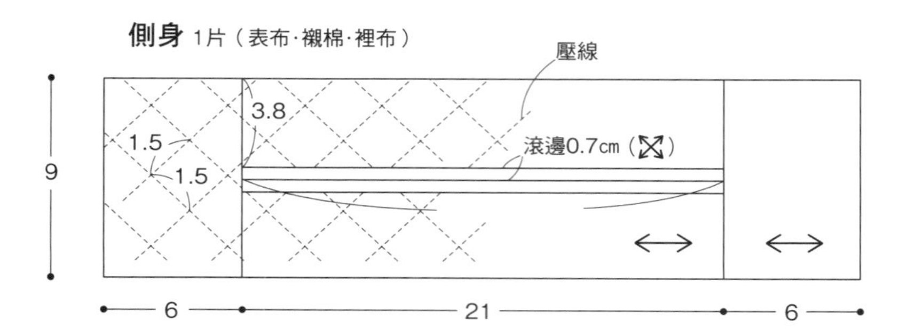

1 拼縫布片製作表布，再疊上襯棉與裡布後進行壓線。於背面描繪完成線，再修剪多餘布料。

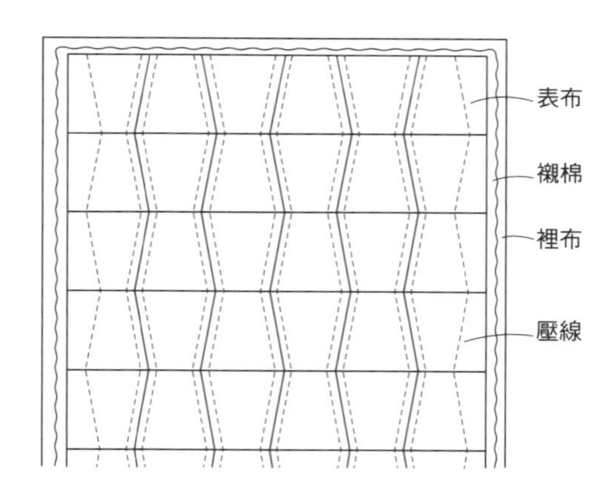

2 拉鍊口布進行壓線及滾邊，再組裝拉鍊。

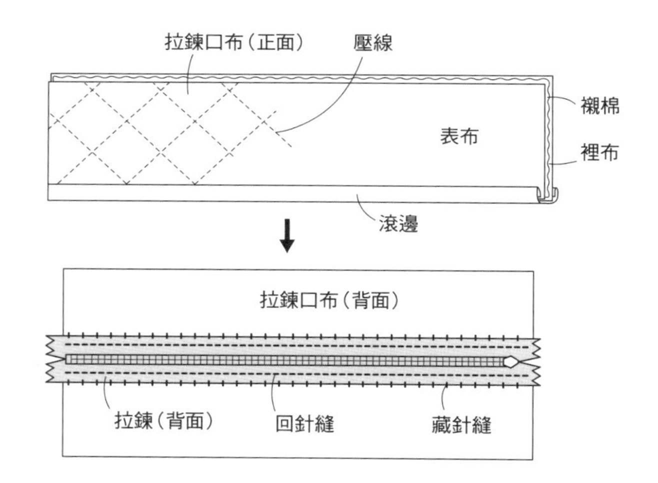

3 車縫吊耳布，並翻至正面。

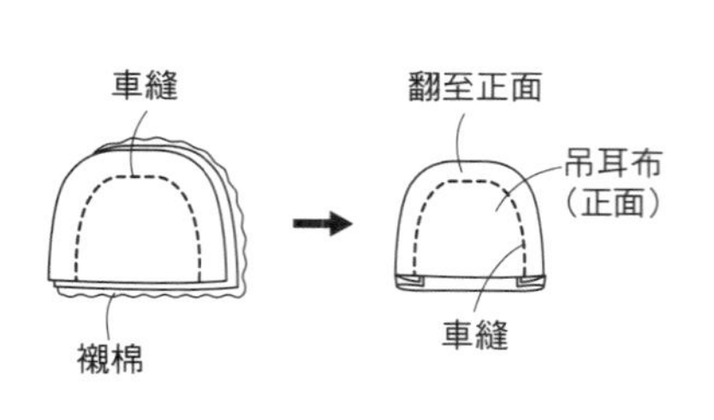

4 於下側身進行壓線。

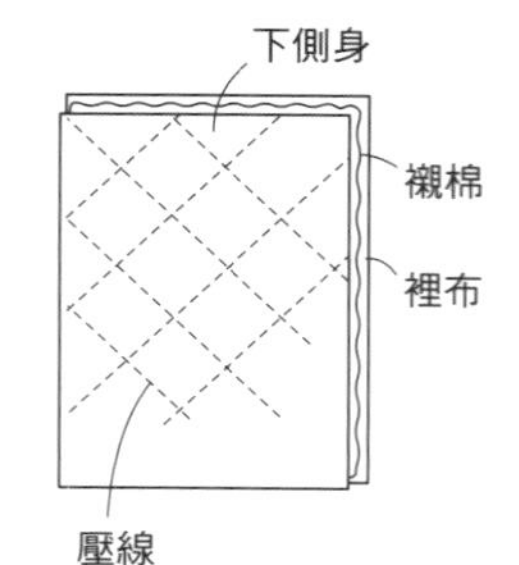

5 以拉鍊口布與下側身夾車吊耳布。

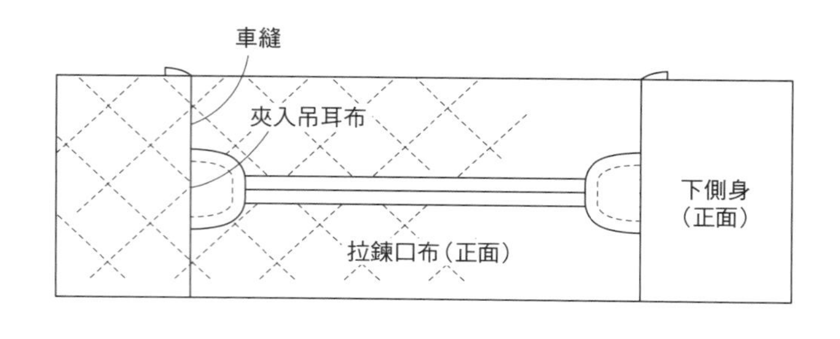

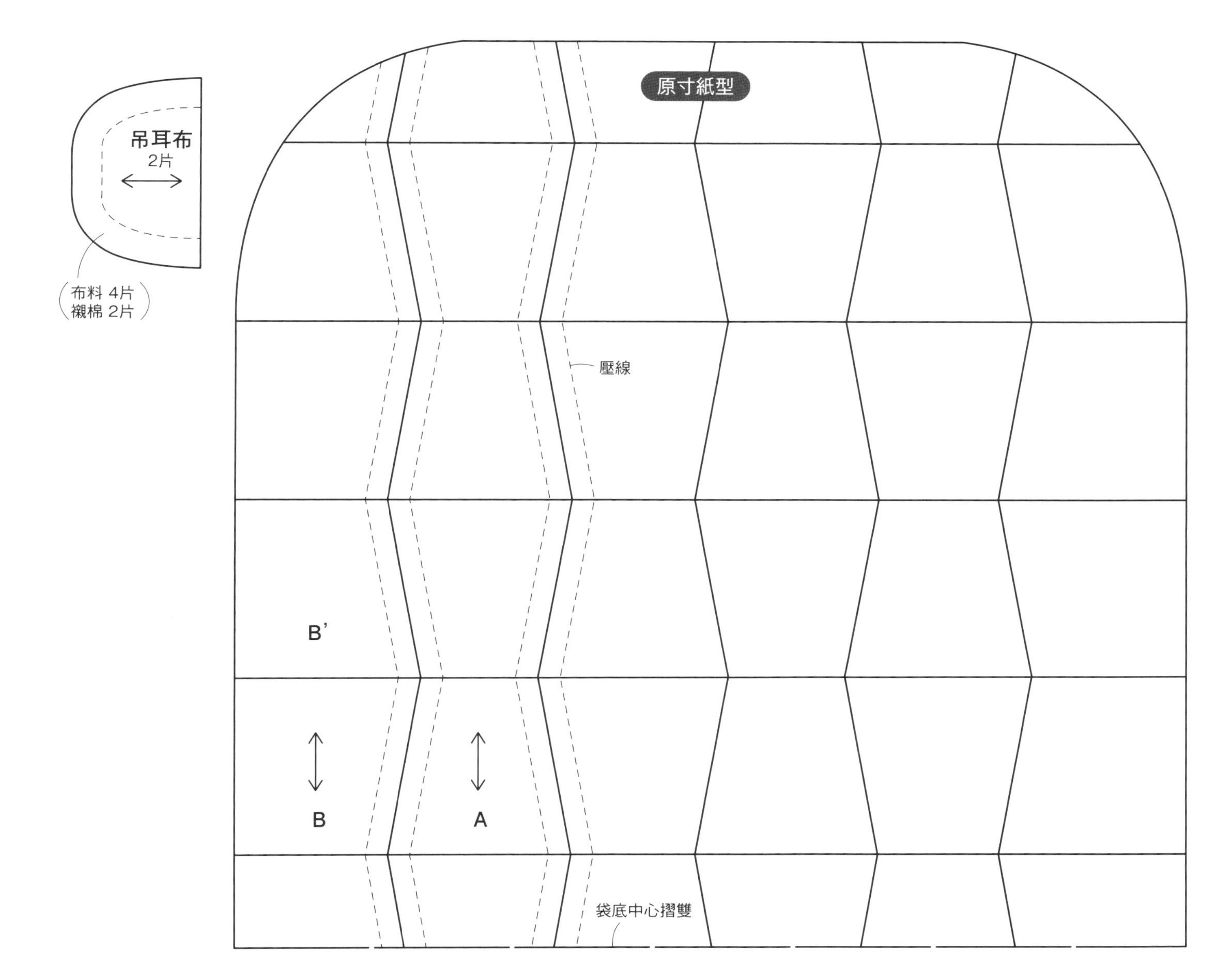

6 以斜紋布條包覆縫份。
將袋身與側身正面相對疊合後，車縫四周，
再以斜紋布條包覆縫份處。

7 將布條縫至拉鍊頭上，
再以花片夾住布條後縫製固定。

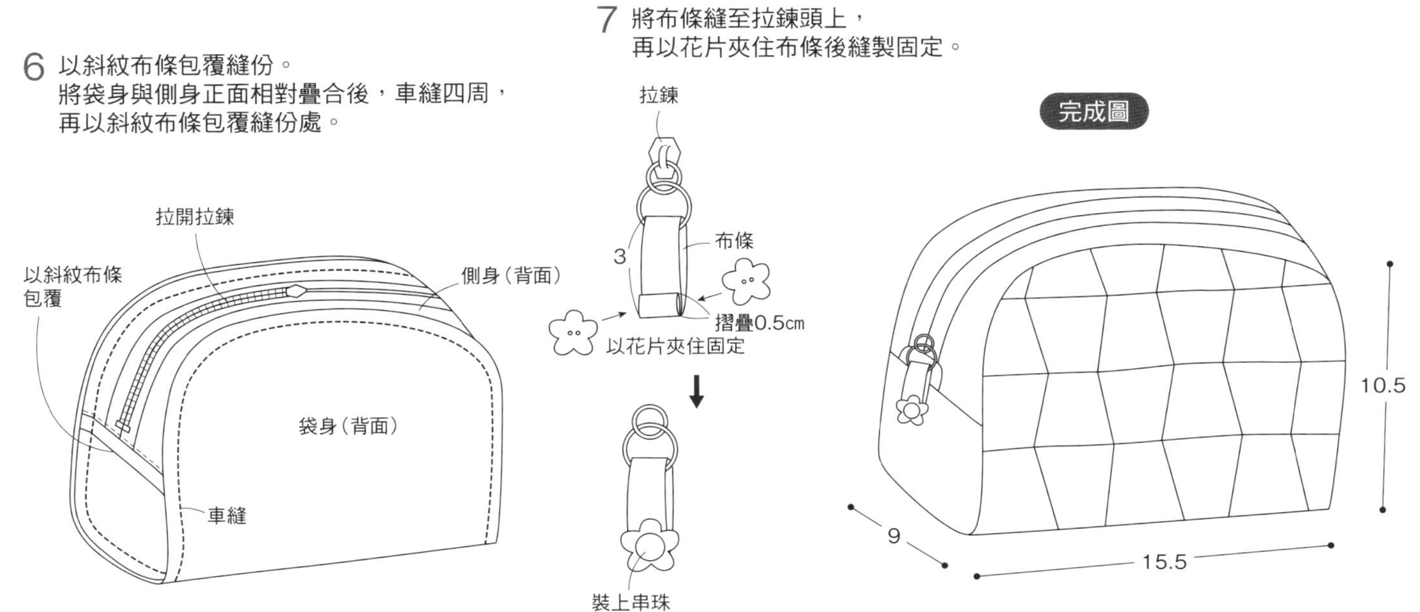

P.20作品No.14　白色花朵化妝包

材料
貼布繡用布適量
貼布繡底布（米黃色）　20×15cm
貼布繡底布A（灰色）　12×8cm
貼布繡底布B（灰藍色）　9×6cm
後袋身（條紋）　20×15cm
側身（格紋）　30×35cm
含膠襯棉　35×35cm
襯棉　20×12cm
含膠薄布襯　35×20cm
裡布（格紋）　30×10cm
吊耳布用布（灰色）　12×5cm
直徑1mm蠟線　15cm
滾邊用布（格紋）　45×35cm
20cm拉鍊　1條
25號繡線（原色）
拉鍊頭吊飾串珠　2顆
※四周滾邊使用3.5×55cm的斜紋布條2條
※除了指定處之外，皆外加縫份0.7cm。

製圖

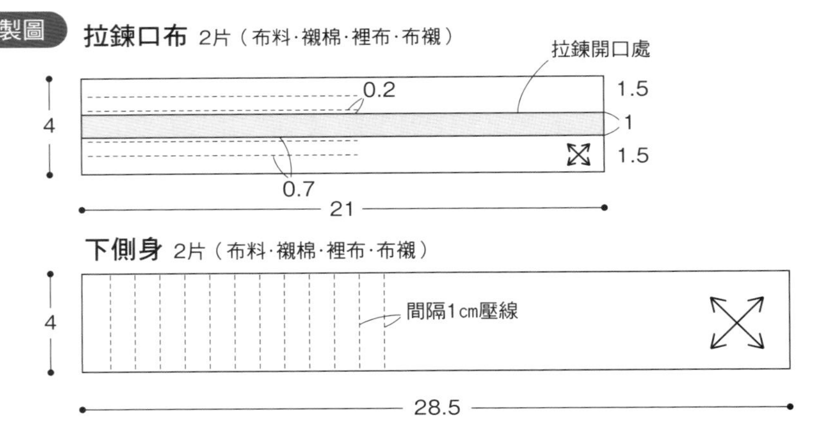

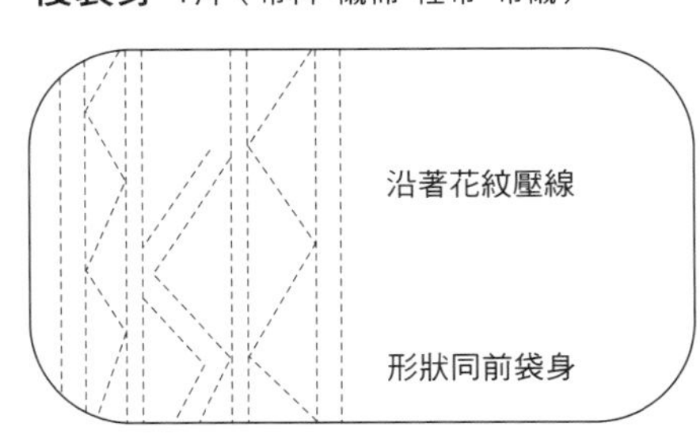

1 於底布上製作貼布繡，蓋上A後縫合，再由背面鏤空底布。

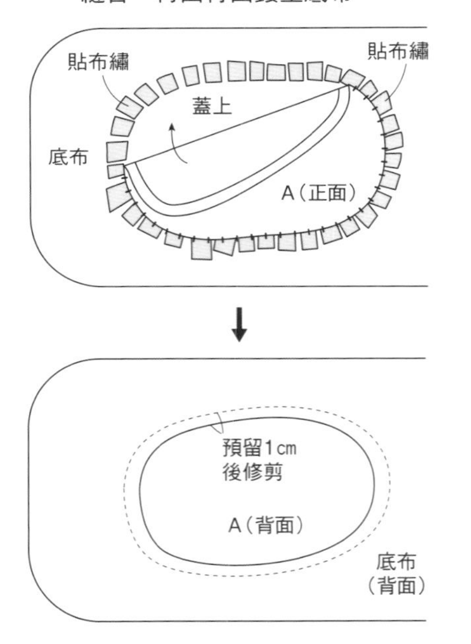

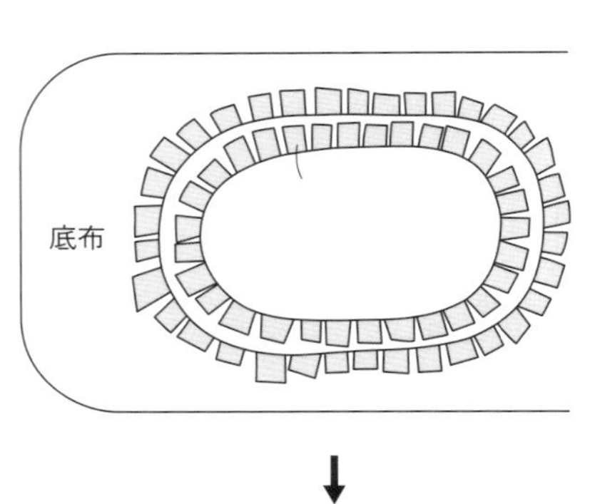

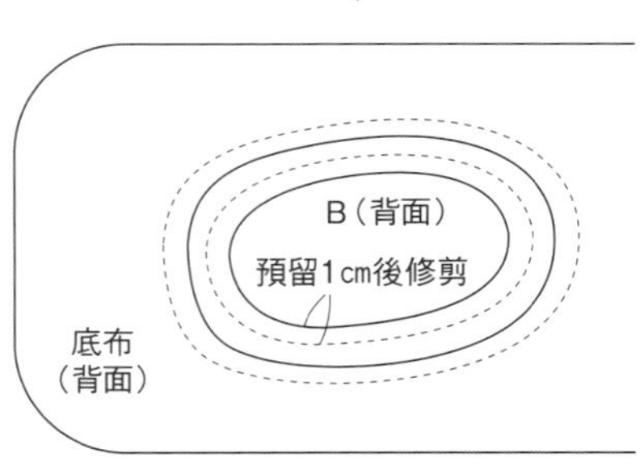

3 於B上製作貼布繡，再刺繡圖案。

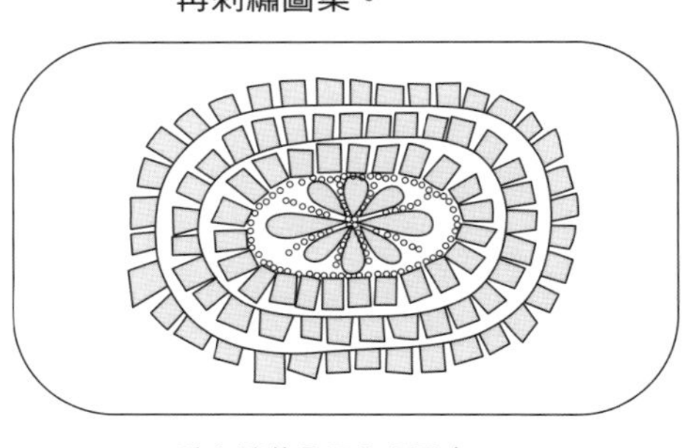

貼布繡花朵及內側圖案

4 重疊襯棉與裡布之後，進行壓線。

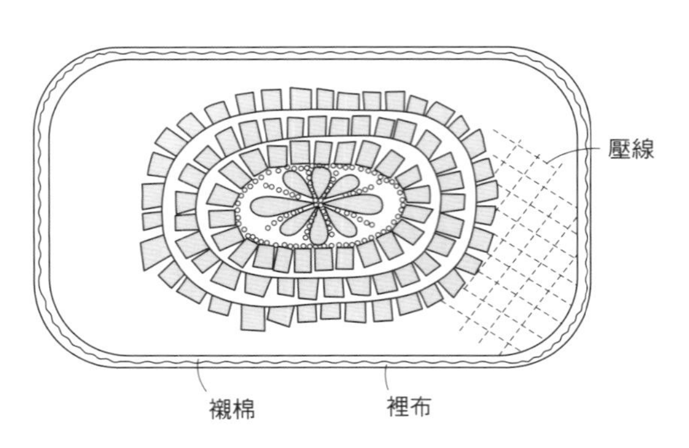

5 於側身表布熨燙襯棉，再與熨燙布襯的裡布重疊之後，進行壓線。

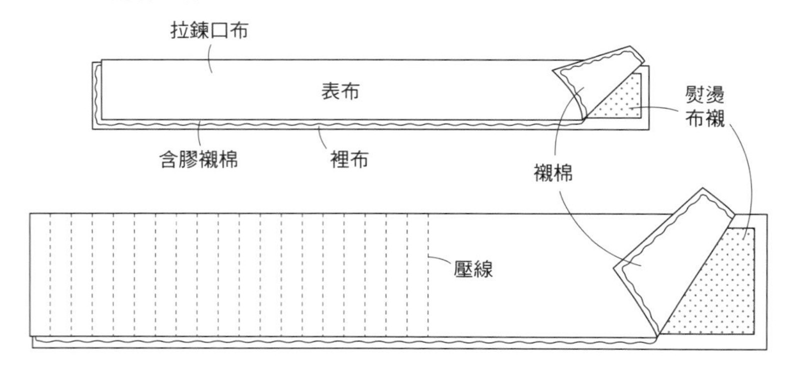

原寸紙型

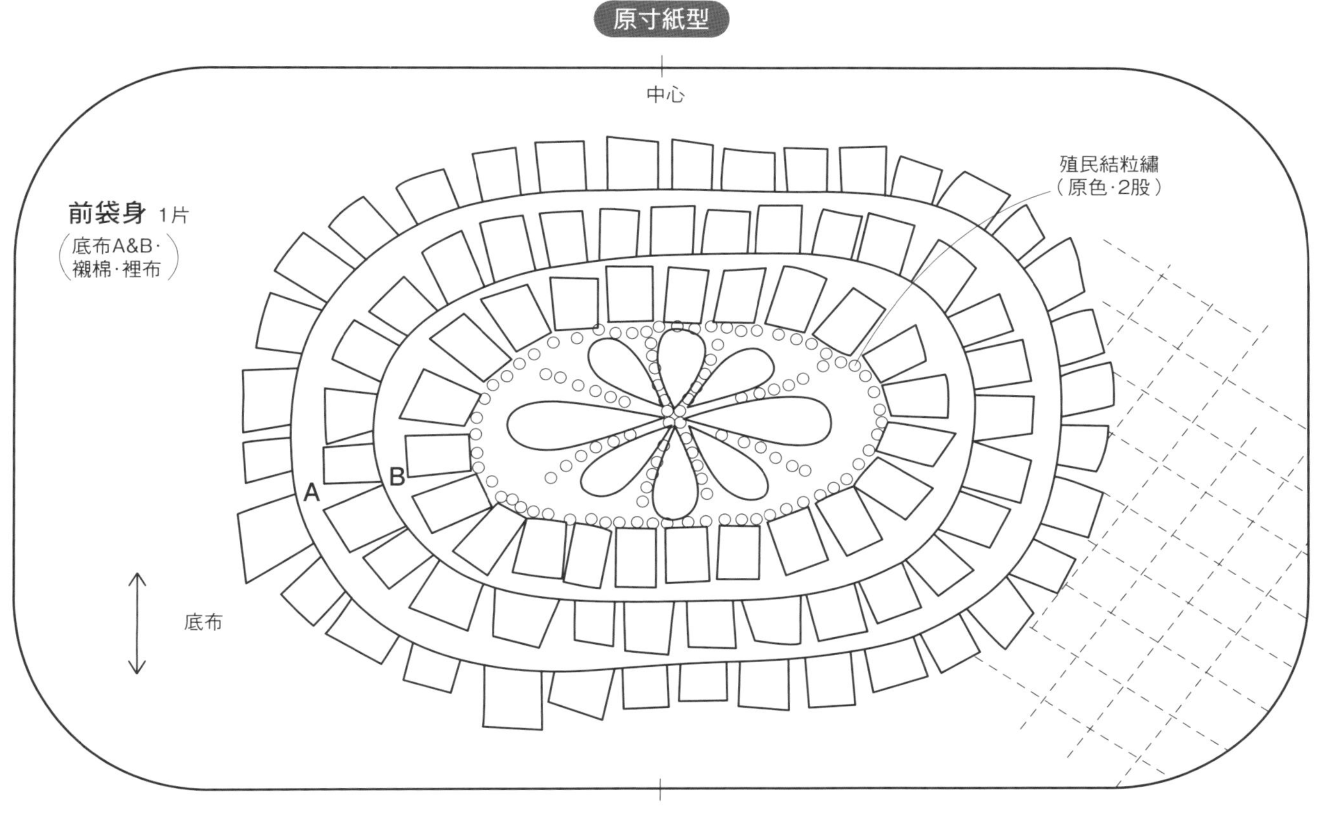

6 將拉鍊縫至拉鍊口布上。
修剪縫份後以藏針縫與拉鍊縫合，
另一側製作方法相同。

7 車縫吊耳布，再翻至正面。

8 以拉鍊口布與下側身夾車吊耳布，再以斜紋布條包覆縫份。

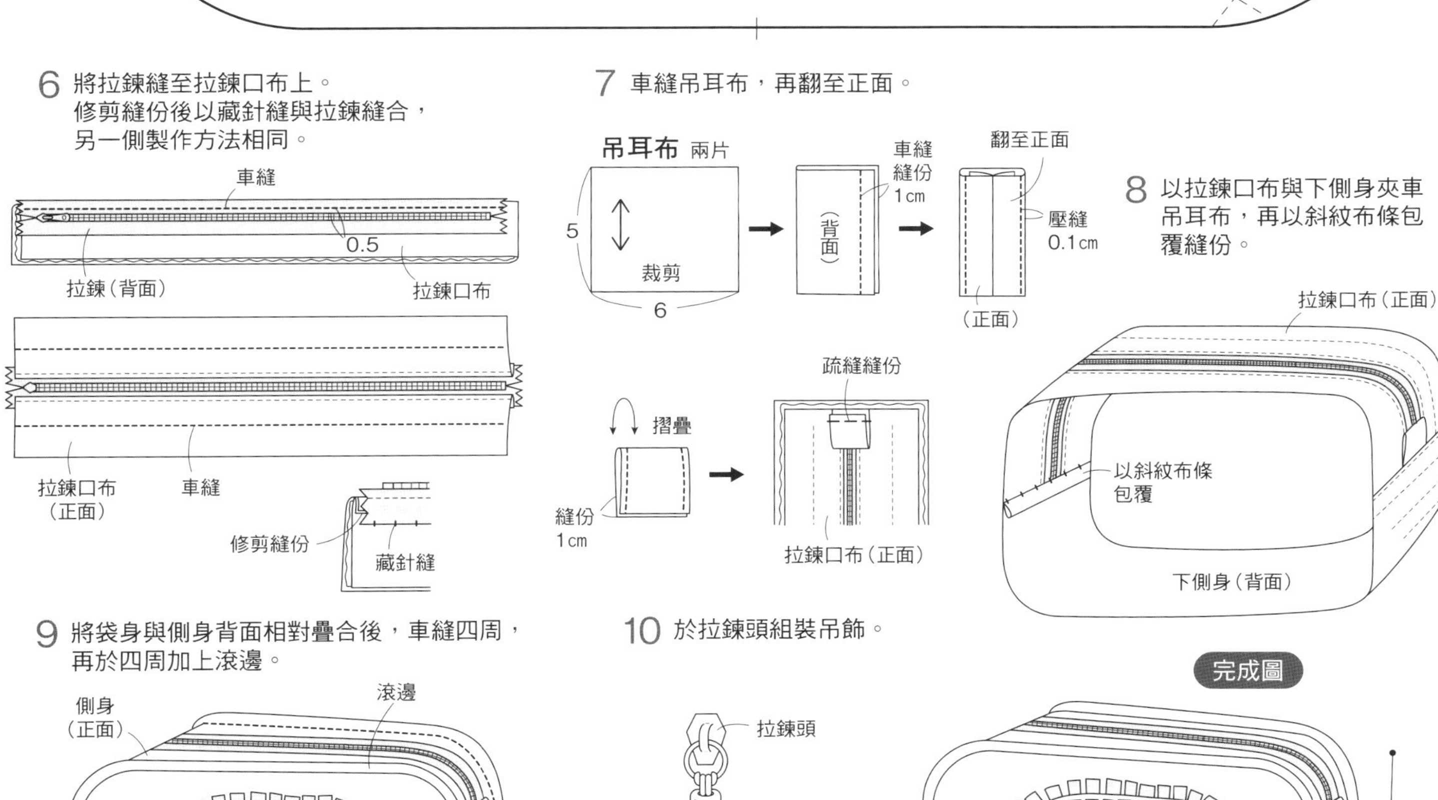

9 將袋身與側身背面相對疊合後，車縫四周，
再於四周加上滾邊。

側身（正面）
滾邊
袋身（正面）
車縫
滾邊

10 於拉鍊頭組裝吊飾。

拉鍊頭
串珠
打結

完成圖

10
4
17

P.21作品No.15　水色花朵化妝包

材料
貼布繡用布　適量
表布（米黃格紋）　50×15cm
配色布（灰色水玉圓點）　25×15cm
襯棉　25×40cm
裡布（格紋）　30×40cm
直徑1mm蠟線　20cm
滾邊用布（格紋）　35×25cm
20cm拉鍊　1條
拉鍊頭吊飾　2個、串珠　1顆
※袋口滾邊使用3.5×30cm的斜紋布條2條。
※除了指定處之外，皆外加縫份0.7cm。

製圖　**袋身** 1片（表布·襯棉·裡布）

拉鍊開口處
滾邊
貼布繡
壓線
前袋身
側身
中心
袋底
後袋身
34
2
2
9
20

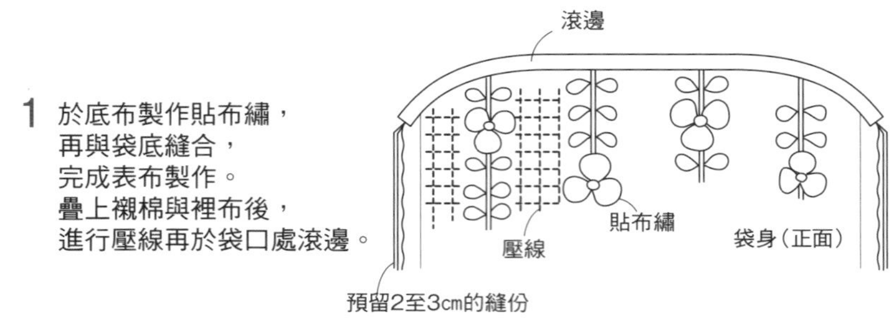

1 於底布製作貼布繡，
再與袋底縫合，
完成表布製作。
疊上襯棉與裡布後，
進行壓線再於袋口處滾邊。

2 於袋口處組裝拉鍊。

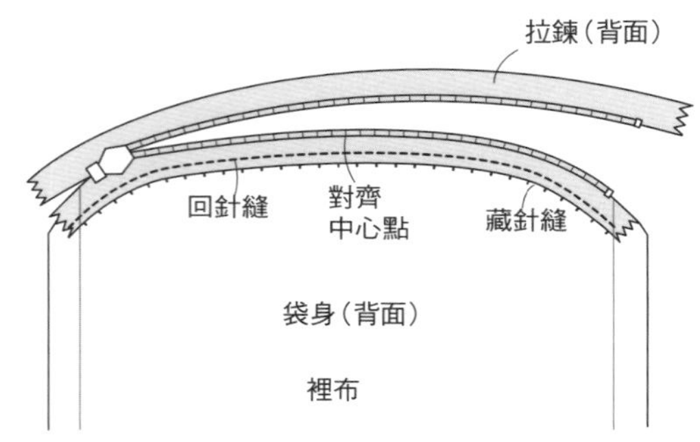

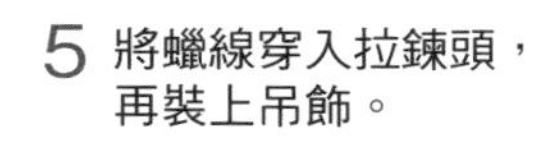

5 將蠟線穿入拉鍊頭，
再裝上吊飾。

拉鍊頭
蠟線
穿入吊飾
蠟線
串珠
打結

3 組裝另一側拉鍊，並車縫側邊。
縫份處以裡布包覆。

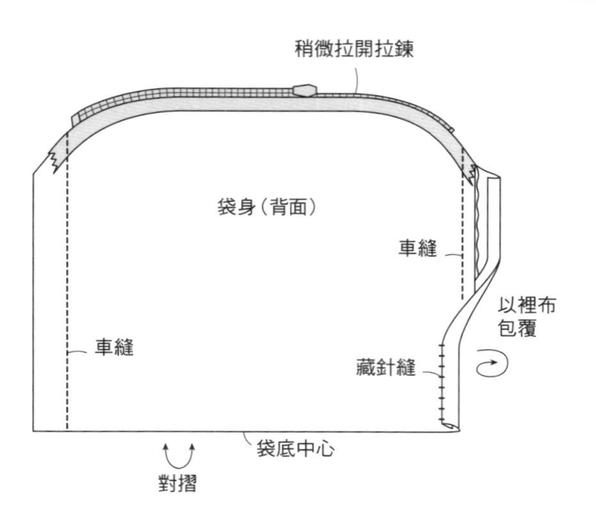

4 車縫側身底角，修剪多餘布料後，
以斜紋布條包覆縫份處，
再於拉鍊尾端縫製擋布（裡布）裝飾。

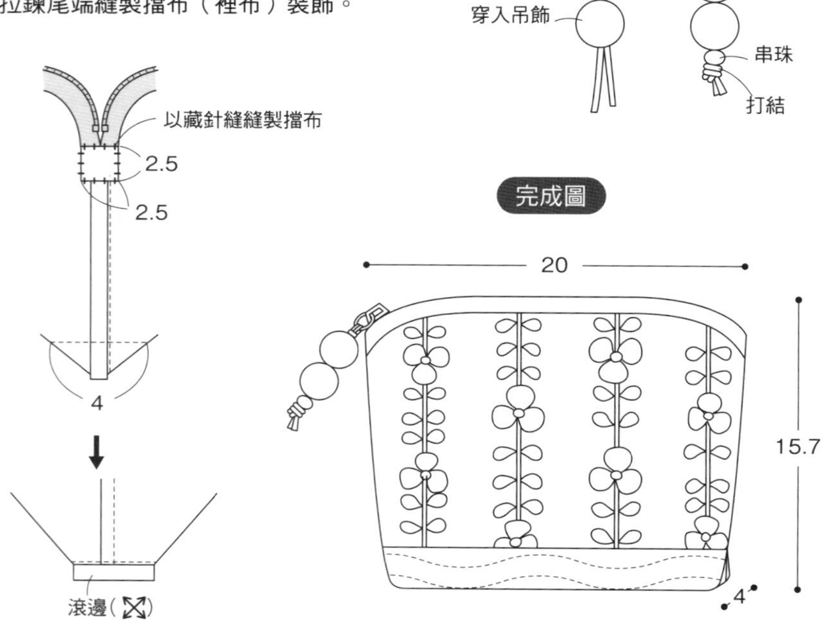

原寸紙型

※後袋身的貼布繡圖案／P.78

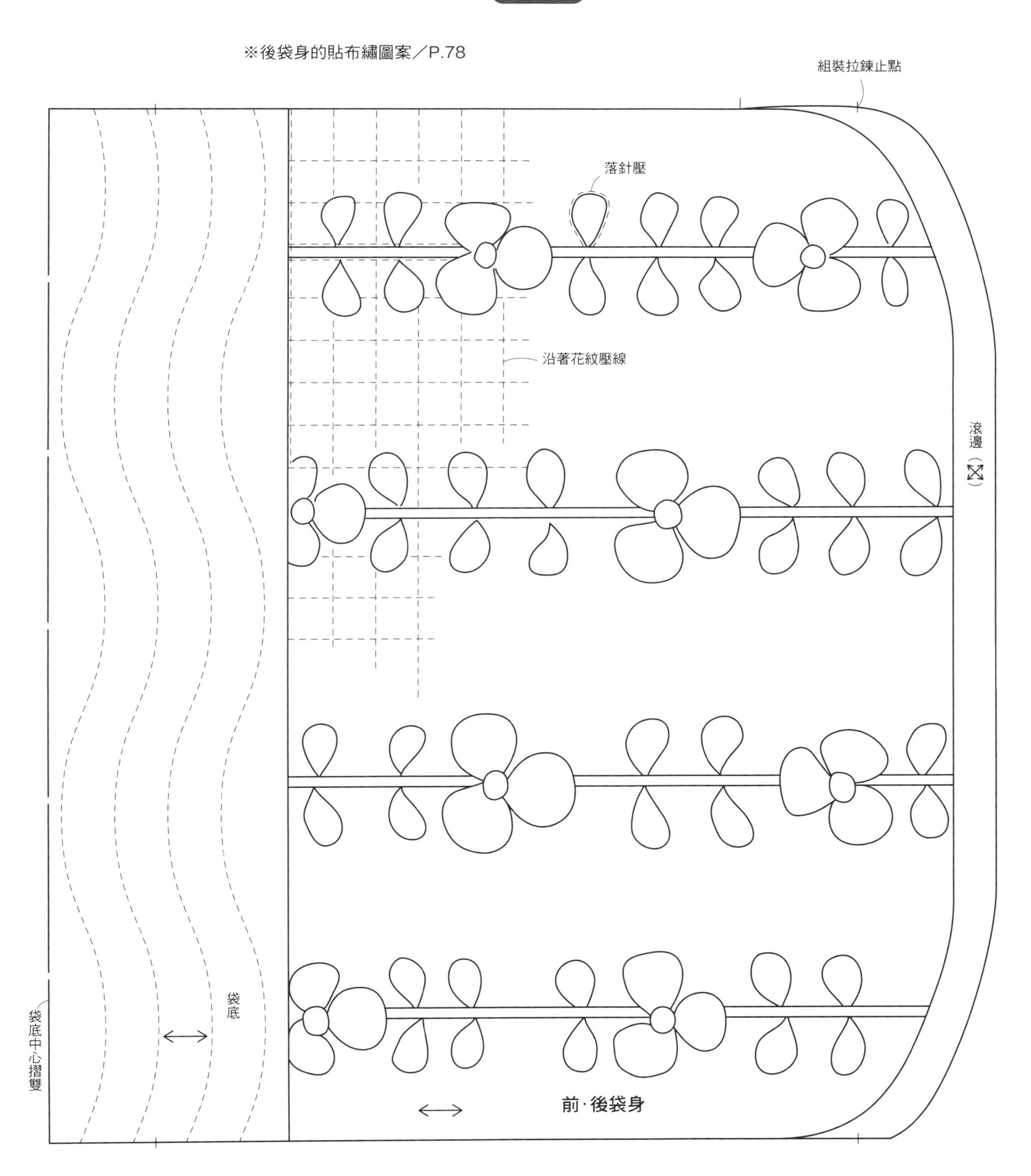

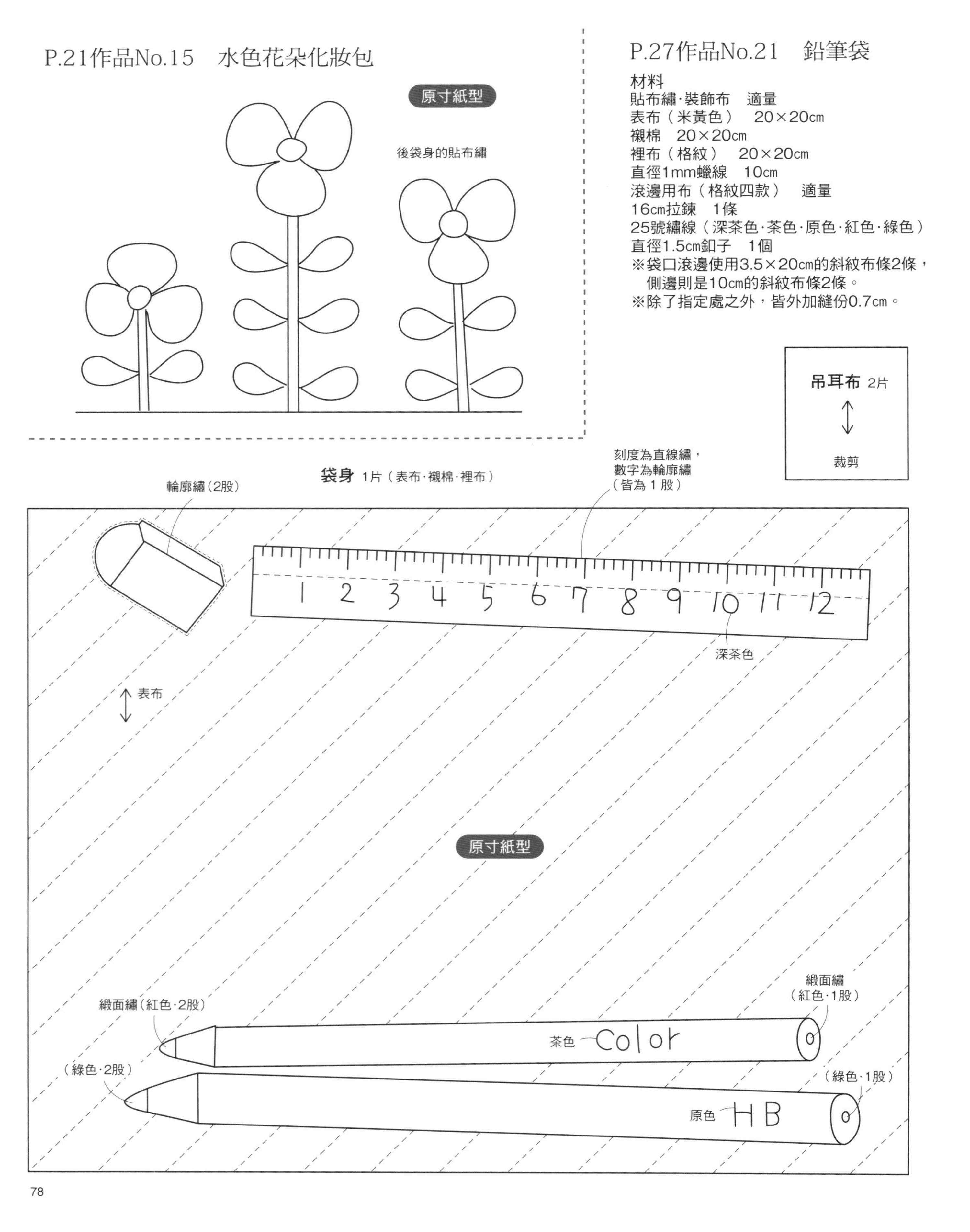
P.21作品No.15　水色花朵化妝包
原寸紙型
後袋身的貼布繡
P.27作品No.21　鉛筆袋
材料
貼布繡·裝飾布　適量
表布（米黃色）　20×20cm
襯棉　20×20cm
裡布（格紋）　20×20cm
直徑1mm蠟線　10cm
滾邊用布（格紋四款）　適量
16cm拉鍊　1條
25號繡線（深茶色·茶色·原色·紅色·綠色）
直徑1.5cm釦子　1個
※袋口滾邊使用3.5×20cm的斜紋布條2條，
側邊則是10cm的斜紋布條2條。
※除了指定處之外，皆外加縫份0.7cm。
吊耳布 2片
裁剪
刻度為直線繡，
數字為輪廓繡
（皆為1股）
袋身 1片（表布·襯棉·裡布）
輪廓繡（2股）
1 2 3 4 5 6 7 8 9 10 11 12
深茶色
表布
原寸紙型
緞面繡
（紅色·1股）
緞面繡（紅色·2股）
茶色
Color
（綠色·2股）
（綠色·1股）
原色
HB

1 於底布製作貼布繡與刺繡，
再疊上襯棉及裡布後壓線。

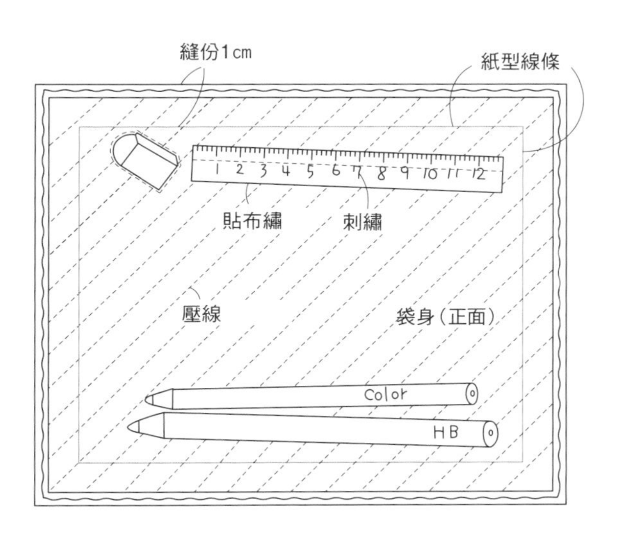

2 袋口處進行滾邊，並組裝拉鍊，
另一側作法亦同。

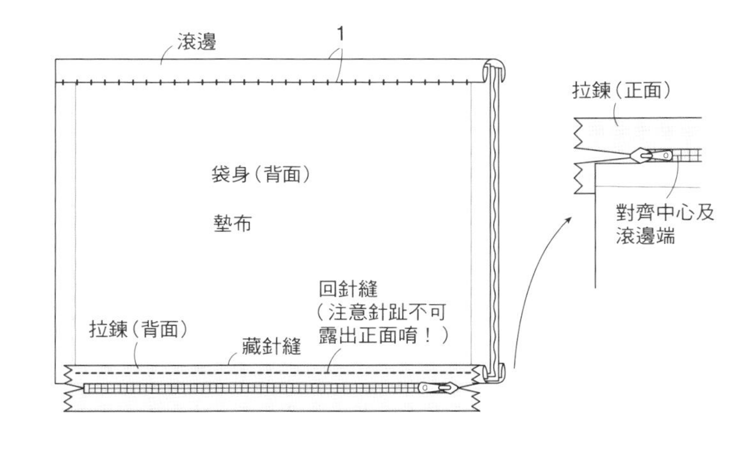

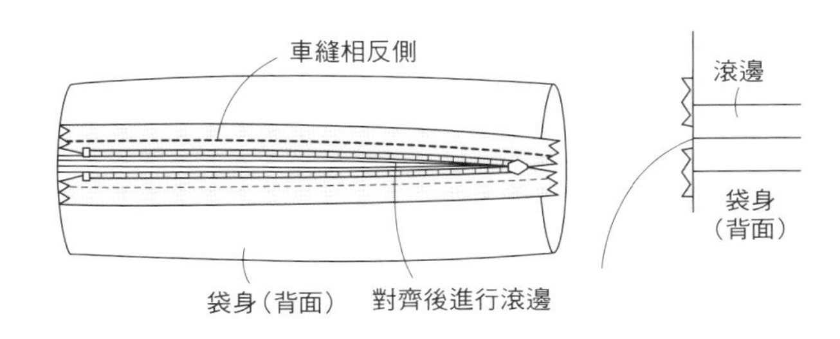

3 摺疊拉鍊作為中心，再車縫上斜紋布條。

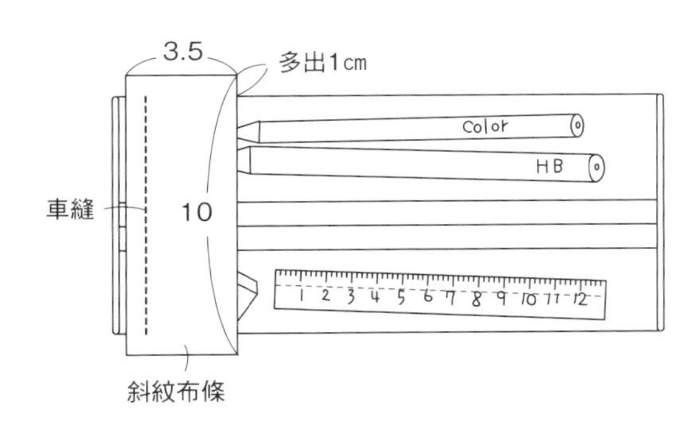

4 包覆縫份處，並進行滾邊。

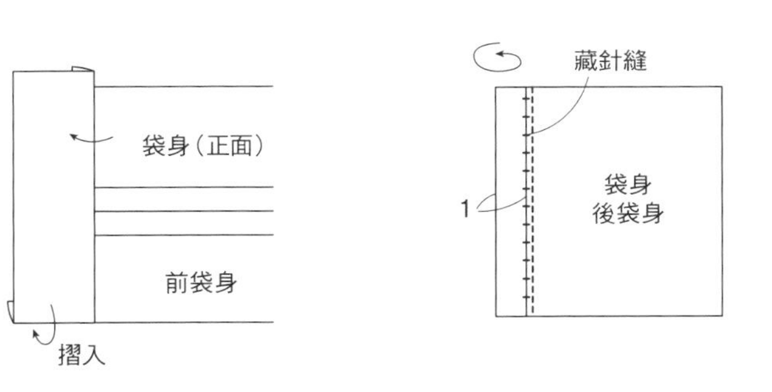

5 車縫拉鍊頭吊飾，再翻至正面。
以蠟線穿過拉鍊縫製固定。

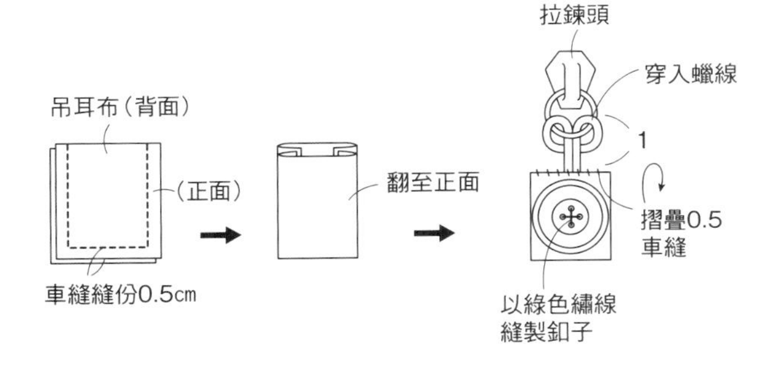

完成圖

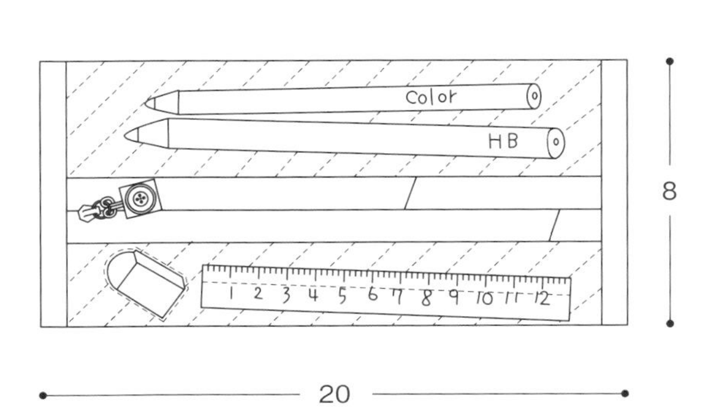

P.22作品No.16　三角圖案束口包

材料
貼布繡·拉繩裝飾布　適量
拼布用布
（米黃色／A 20片） 20 × 10 cm
（卡其色／B 40片） 15 × 15 cm
（印花布 兩款／E 各2片） 10 × 10 cm
表布（格紋亞麻／C 16片、D 4片、
　　F·G·J·H 各2片、I 3片、K 1片）
　　40×40cm
配色布（直條紋）　30×35cm
薄襯棉　30×40cm
含膠薄襯棉　30×40cm
裡布（格紋）　70×35cm
口布（格紋）　30×20cm
滾邊布（格紋）　30×25cm
裝飾布（米黃色）　15×35cm
直徑3mm棉繩　170cm
25號繡線（茶色）
※袋口滾邊使用3.5×56cm的斜紋布條。
※除了指定處之外，皆外加縫份0.7cm。

製圖

前袋身 1片（表布·襯棉·裡布）

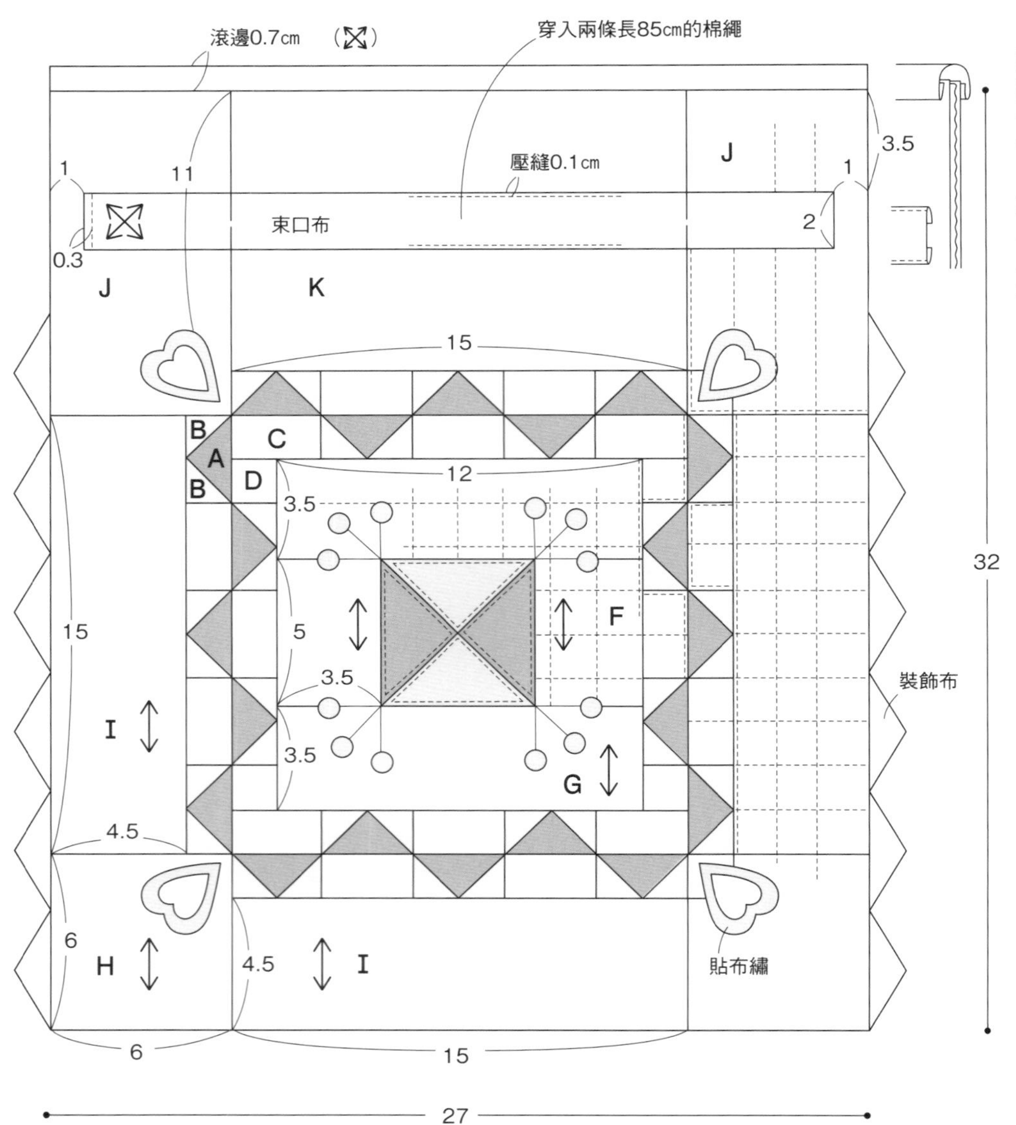

後袋身 1片（配色布·襯棉·裡布）

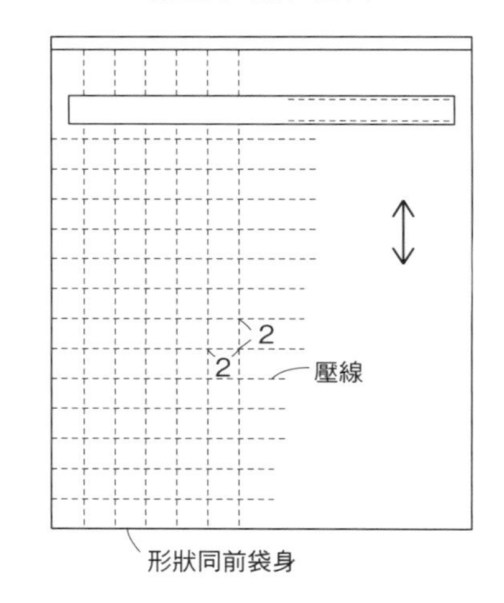

1 拼縫布片，
進行貼布繡與刺繡。

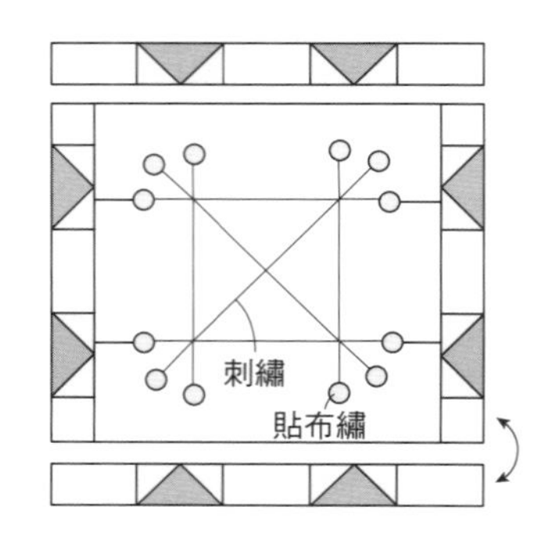

2 縫至表布上，再疊上襯棉與裡布，
進行壓線。

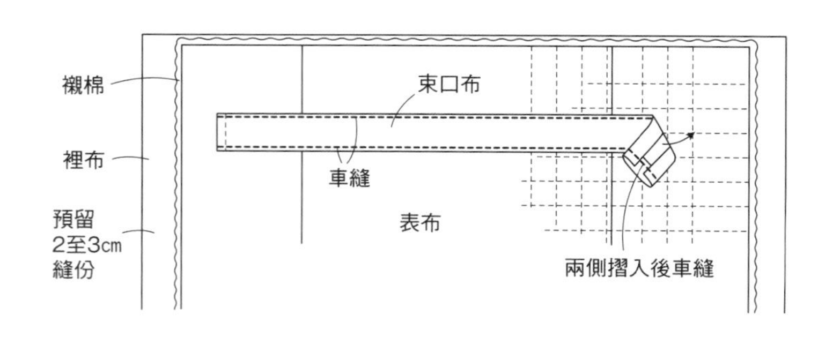

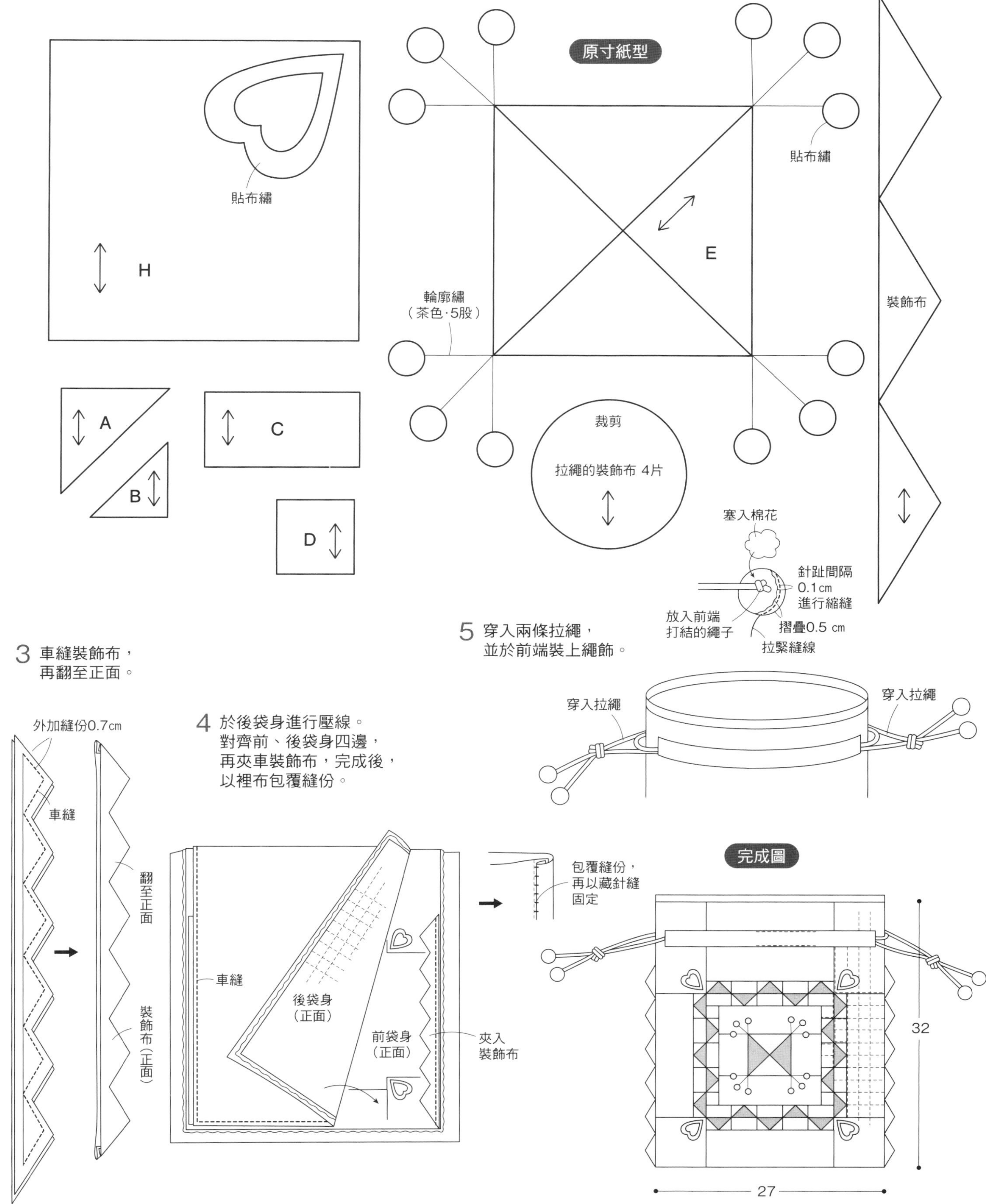
原寸紙型
貼布繡
H
A
B
C
D
貼布繡
E
輪廓繡
（茶色·5股）
裝飾布
裁剪
拉繩的裝飾布 4片
塞入棉花
針趾間隔
0.1cm
進行縮縫
放入前端
打結的繩子
摺疊0.5 cm
拉緊縫線
3 車縫裝飾布，
再翻至正面。
外加縫份0.7cm
車縫
翻至正面
裝飾布（正面）
4 於後袋身進行壓線。
對齊前、後袋身四邊，
再夾車裝飾布，完成後，
以裡布包覆縫份。
車縫
後袋身
（正面）
前袋身
（正面）
夾入
裝飾布
包覆縫份，
再以藏針縫
固定
5 穿入兩條拉繩，
並於前端裝上繩飾。
穿入拉繩
穿入拉繩
完成圖
32
27

P.23作品No.17　艾菲爾鐵塔護照包

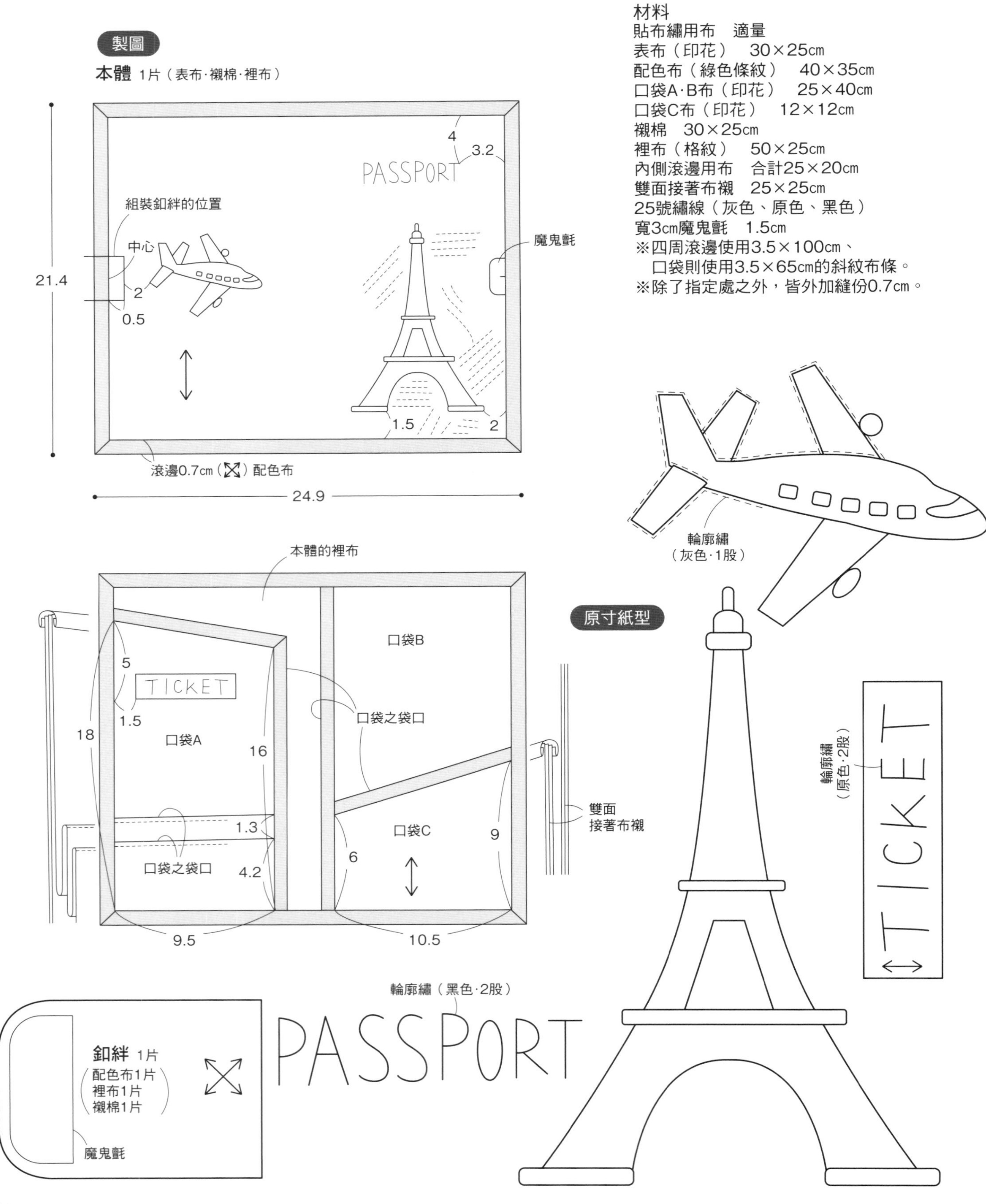

1 裁剪口袋A的布料。

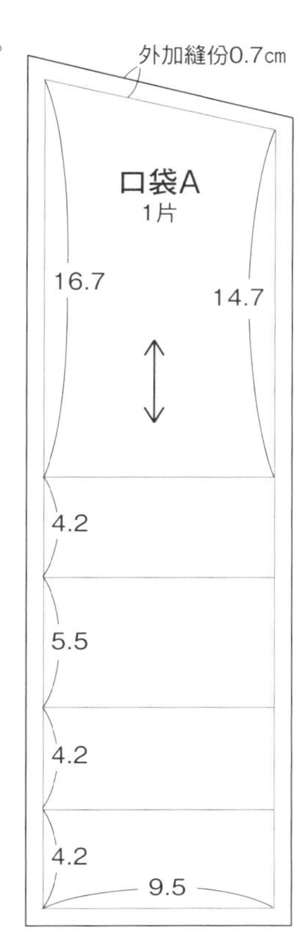

2 裁剪口袋A的裡布與布襯。
因方向相反，裁剪時須特別注意唷！

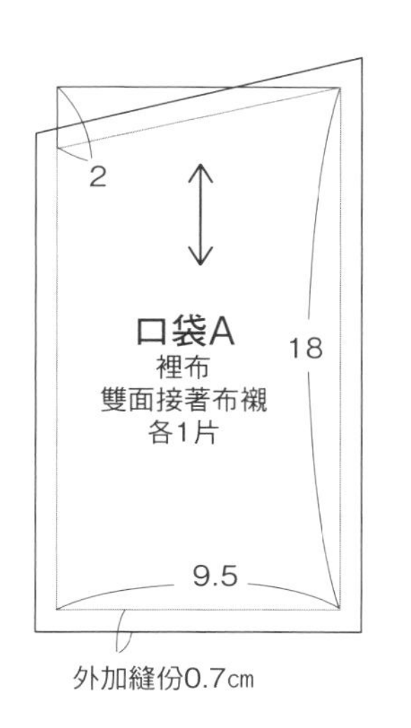

3 摺疊口袋A並車縫口袋之袋口處。
熨燙雙面接著布襯再對齊裡布。

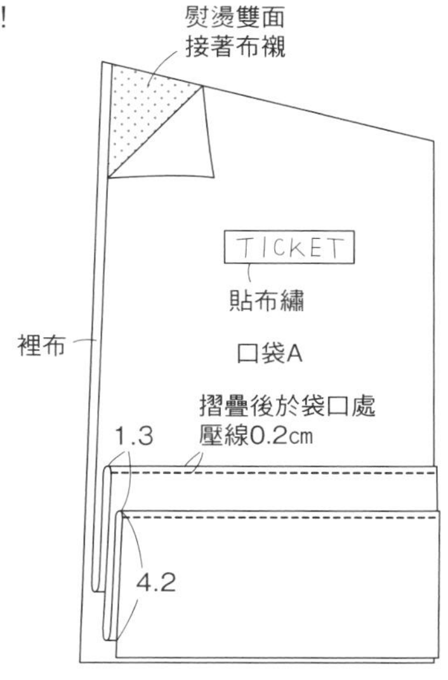

4 依同樣作法縫製口袋C，
並於袋口滾邊。
重疊口袋B與口袋C，
再進行側邊袋口的滾邊。

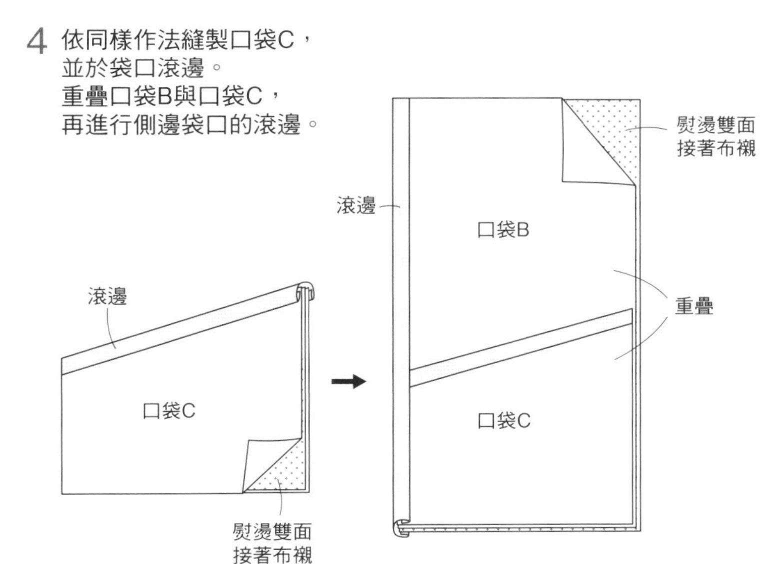

5 於本體製作貼布繡並壓線。
重疊口袋A、B再於四周滾邊。

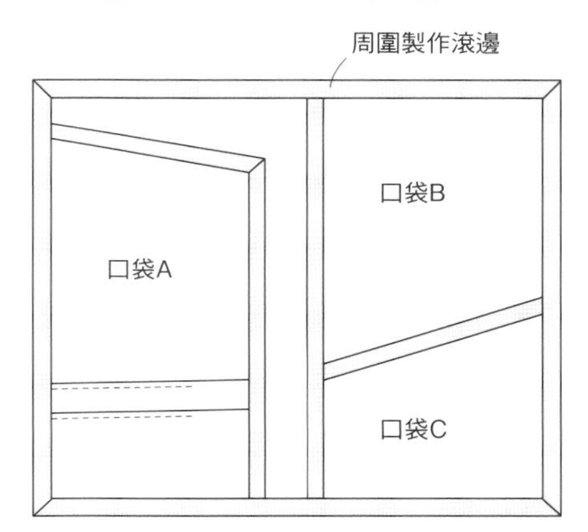

6 車縫釦絆，並翻至正面。將魔鬼氈修剪為圓弧狀，
再以藏針縫固定於釦絆上。

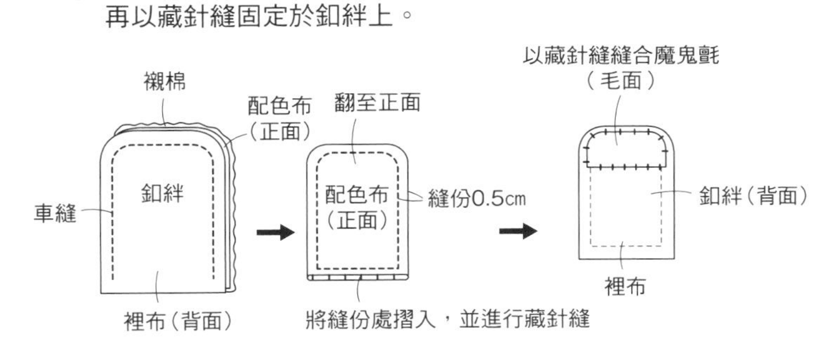

7 將釦絆縫至本體，再於表面組裝釦子。

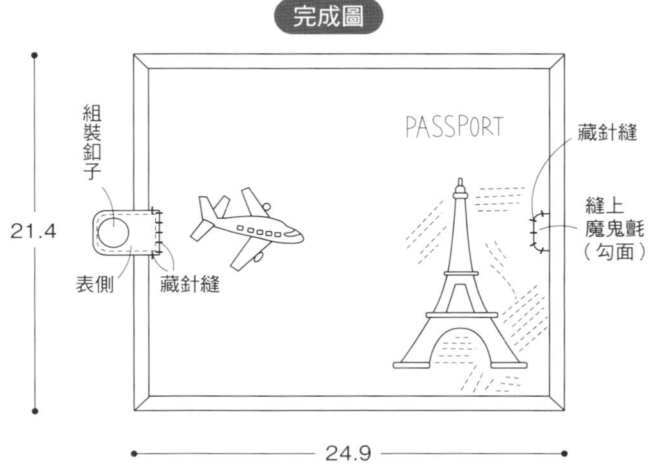

P.26作品No.20　筆記本套

製圖

本體 1片（表布）

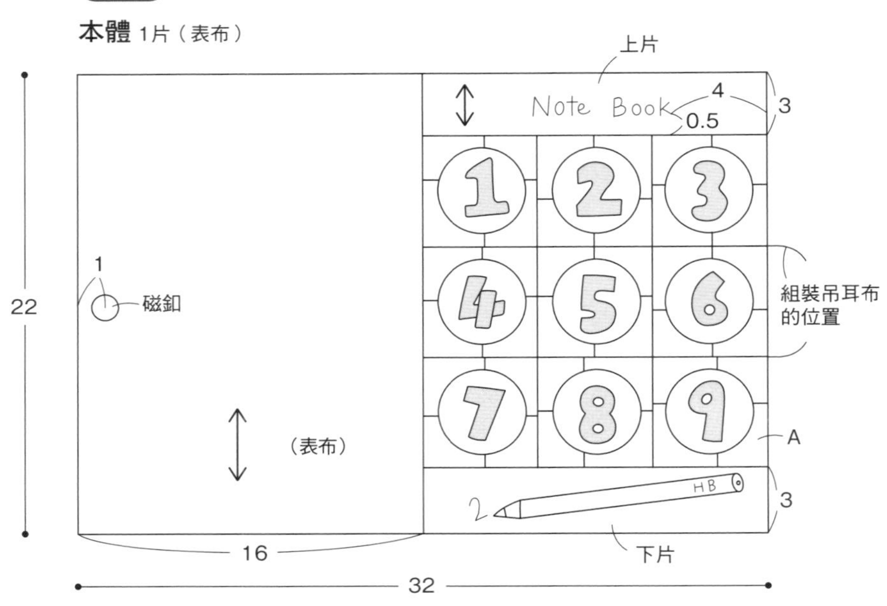

材料
貼布繡用布適量
拼布用布
（各種格紋／A 36片）　25×25cm
表布（格紋）　20×25cm
上片、下片　各18×5cm
貼邊布（英文字母印花）　30×25cm
內側布（米黃色）　20×25cm
釦絆用布（格紋）　10×16cm
含膠薄布襯　30×25cm
25號繡線（黑色、灰色、原色）
直徑1.5cm磁釦　1組
※除了指定處之外，皆外加縫份0.7cm。

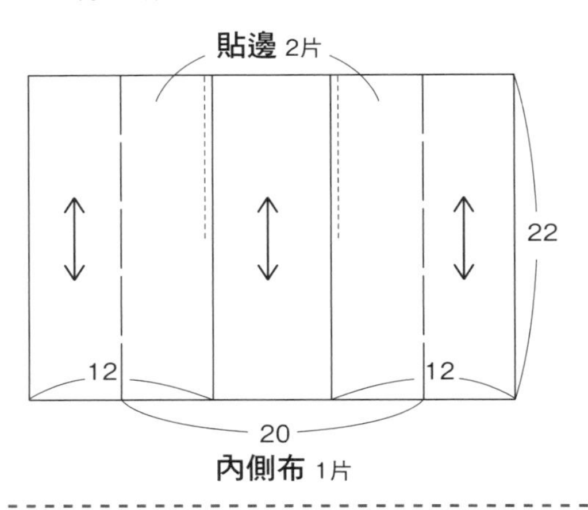

1 車縫四片的A布後，翻至背面，
於喜歡的位置製作記號，再拼縫九片。

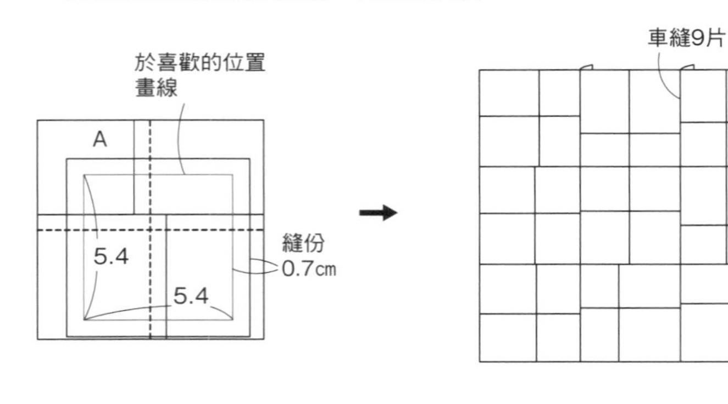

2 車縫布片、上片與下片，進行貼布繡與刺繡後，
再與表布接縫。

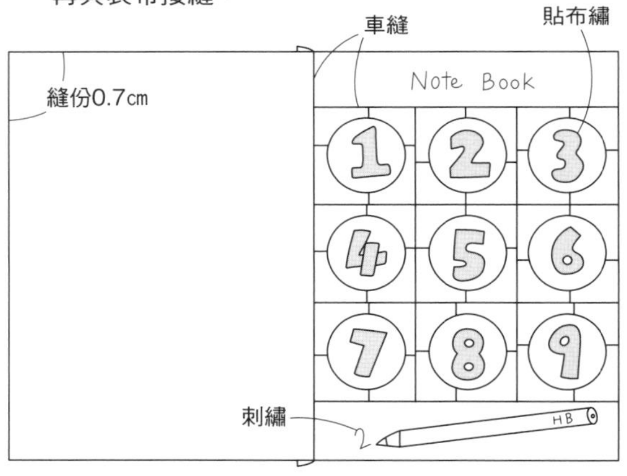

3 貼邊布背面熨燙布襯，
摺疊袋口處並車縫。

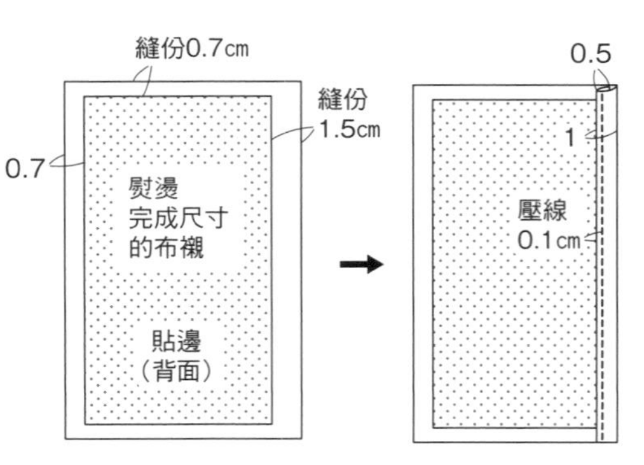

4 車縫釦絆，並翻至正面。

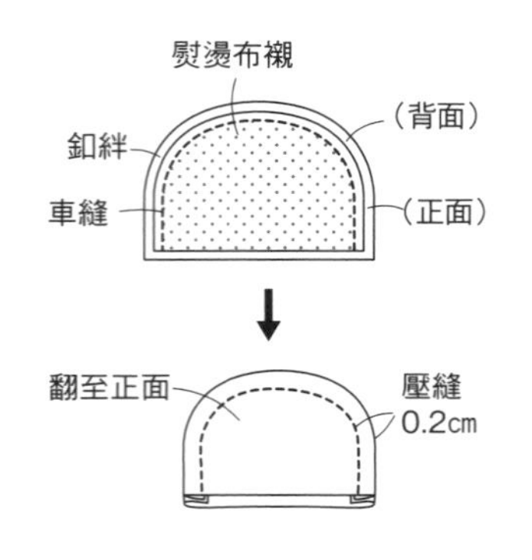

5 重疊本體、貼邊布，與已熨燙布襯的內側布。
夾入釦絆後，車縫四周固定。

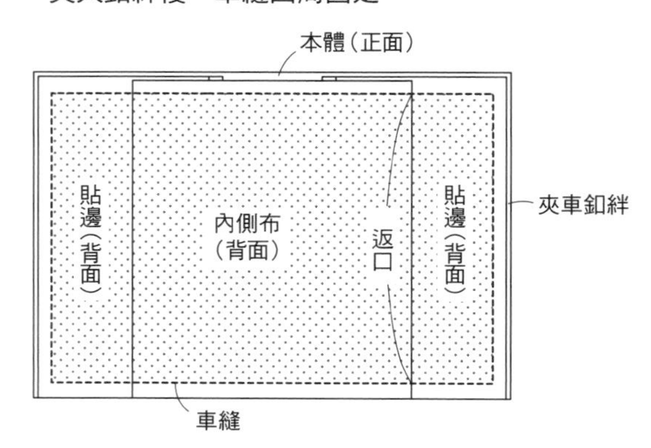

原寸紙型

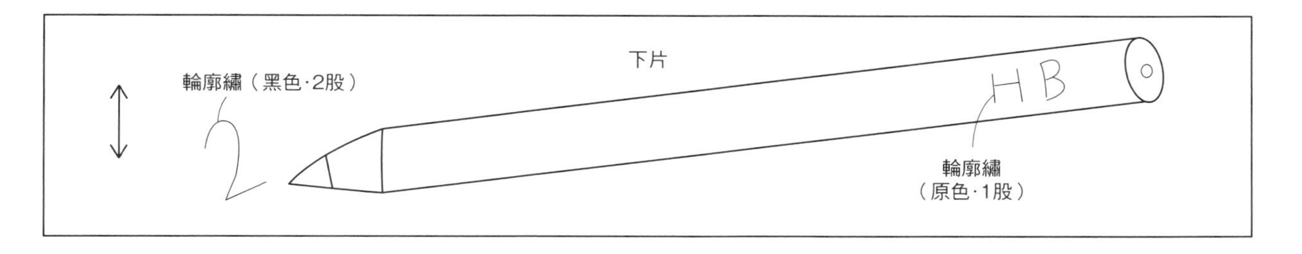

6 翻至正面，並組裝磁釦。

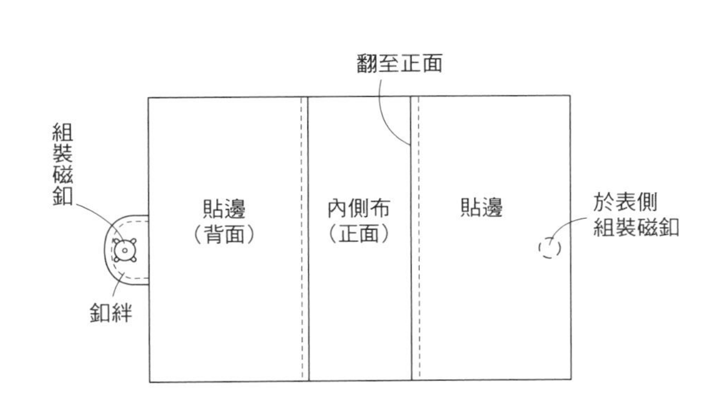

完成圖

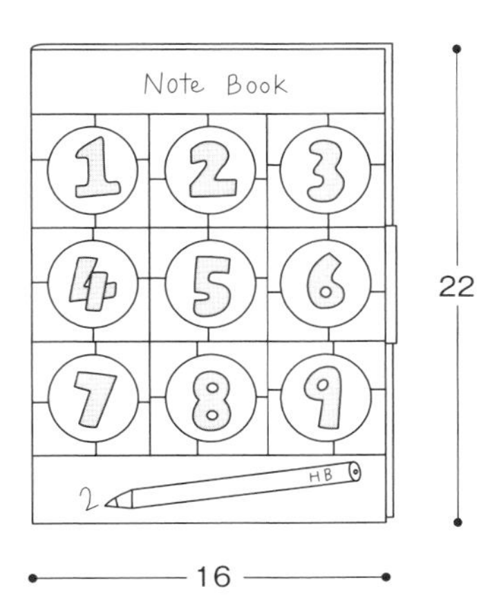

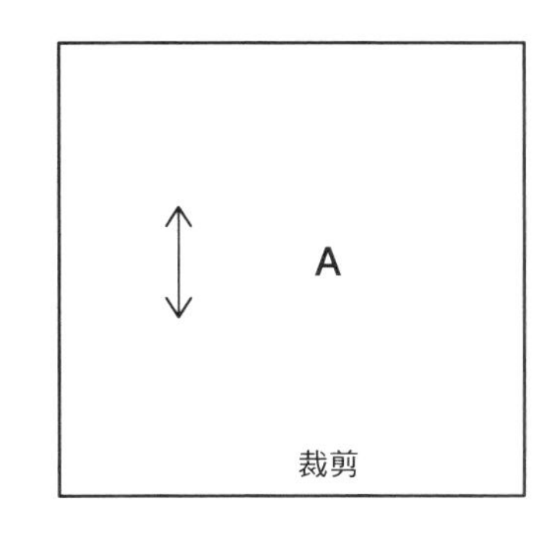

P.28作品No.22　貓咪壁飾

材料
貼布繡用布　適量
拼布用布
（各種格紋／A 32片、C 80片、D 40片、E 8片）　50×50cm
（灰色條紋／A 32片、B 20片、D 40片、E 8片）　50×50cm
邊條（條紋）　35×45cm
襯棉　55×55cm
裡布　55×55cm
滾邊布（黑色條紋）　55×35cm
25號繡線（黑色、茶色、深茶色、白色、藍色）
※除了指定處之外，皆外加縫份0.7cm。

製圖

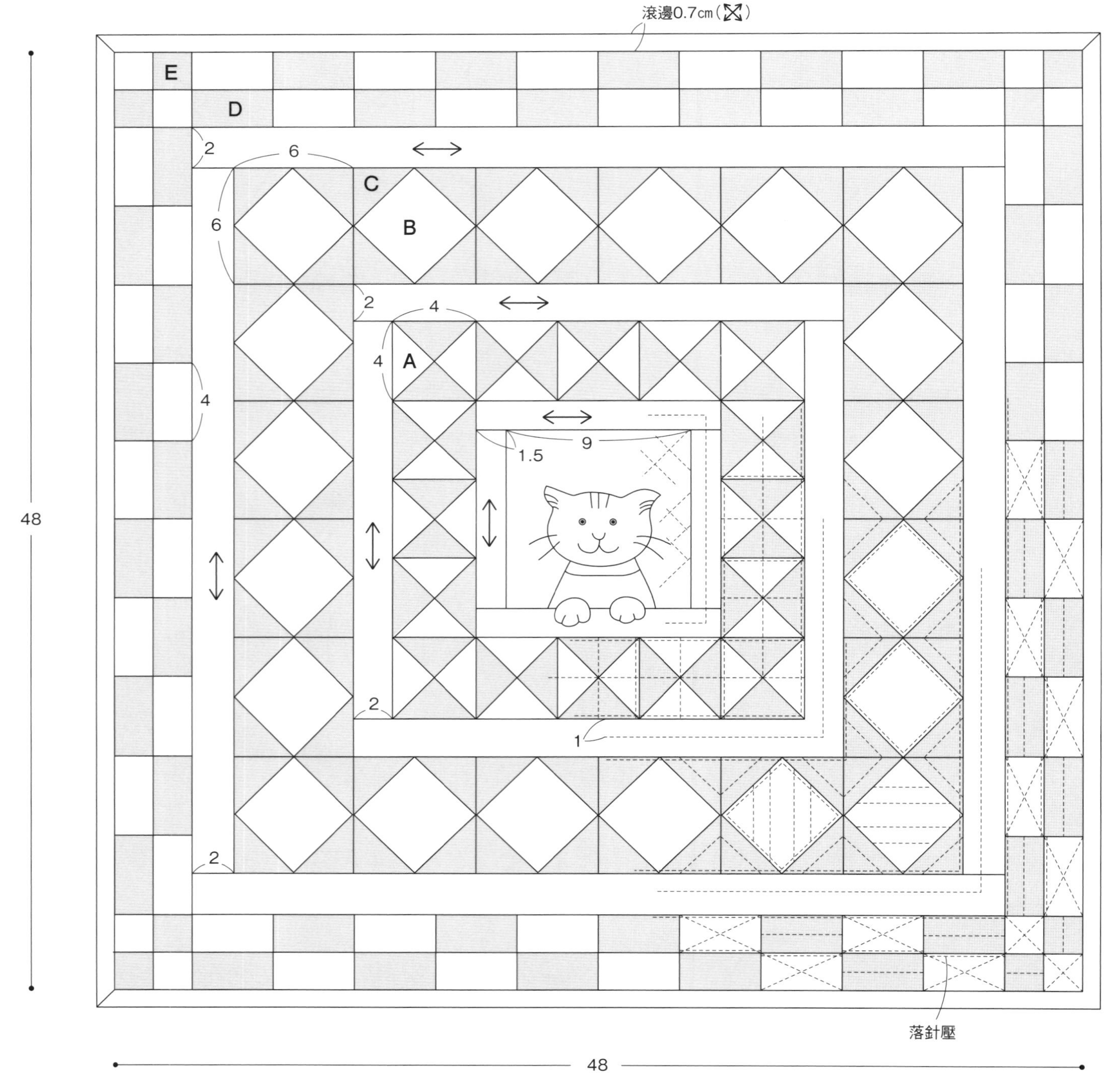

整體的縫法

1 於貼布繡的底布上製作貼布繡與刺繡。
周圍縫上邊條，再以手縫方式製作貼布繡。

2 拼縫A後圍成一圈車縫。
在外側縫上邊框。

3 拼縫B與C後圍成一圈車縫。
在外側縫上邊框。

4 拼縫D及E後圍成一圈車縫。
疊合表布、襯棉及裡布後壓線。

5 四周滾邊。

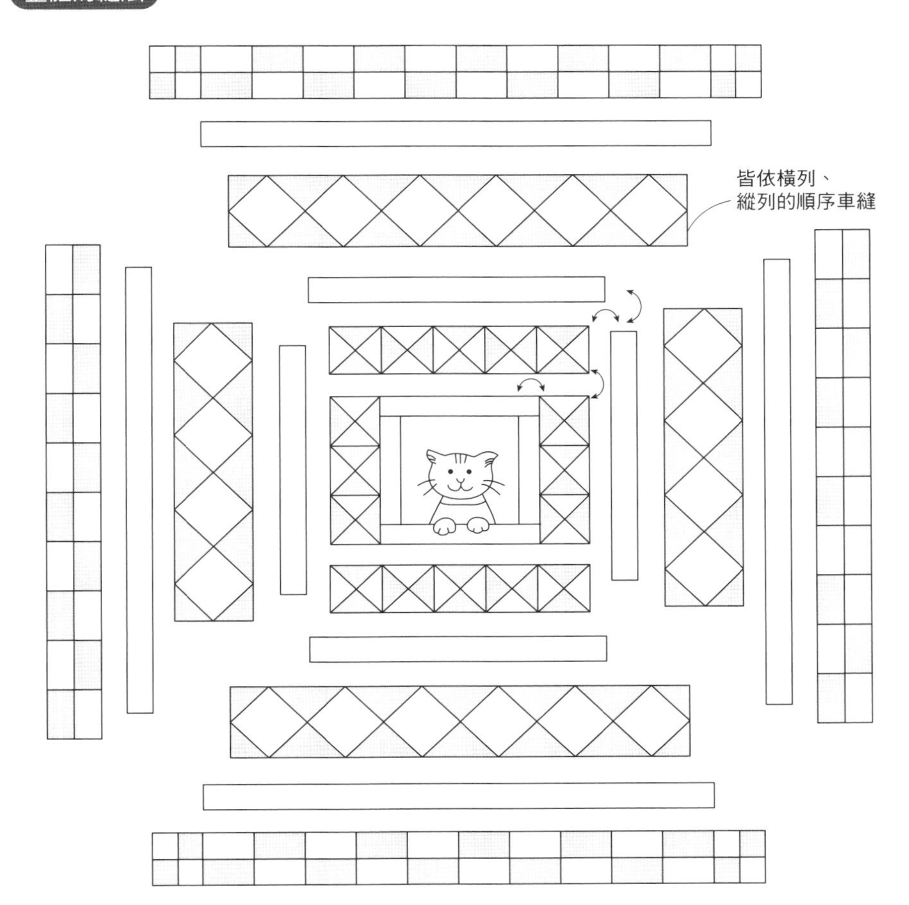

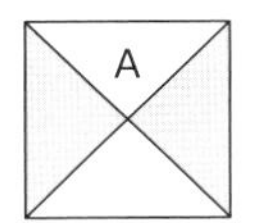

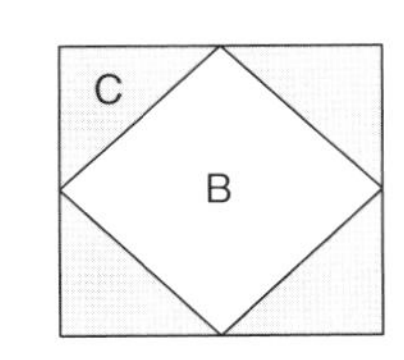

原寸紙型

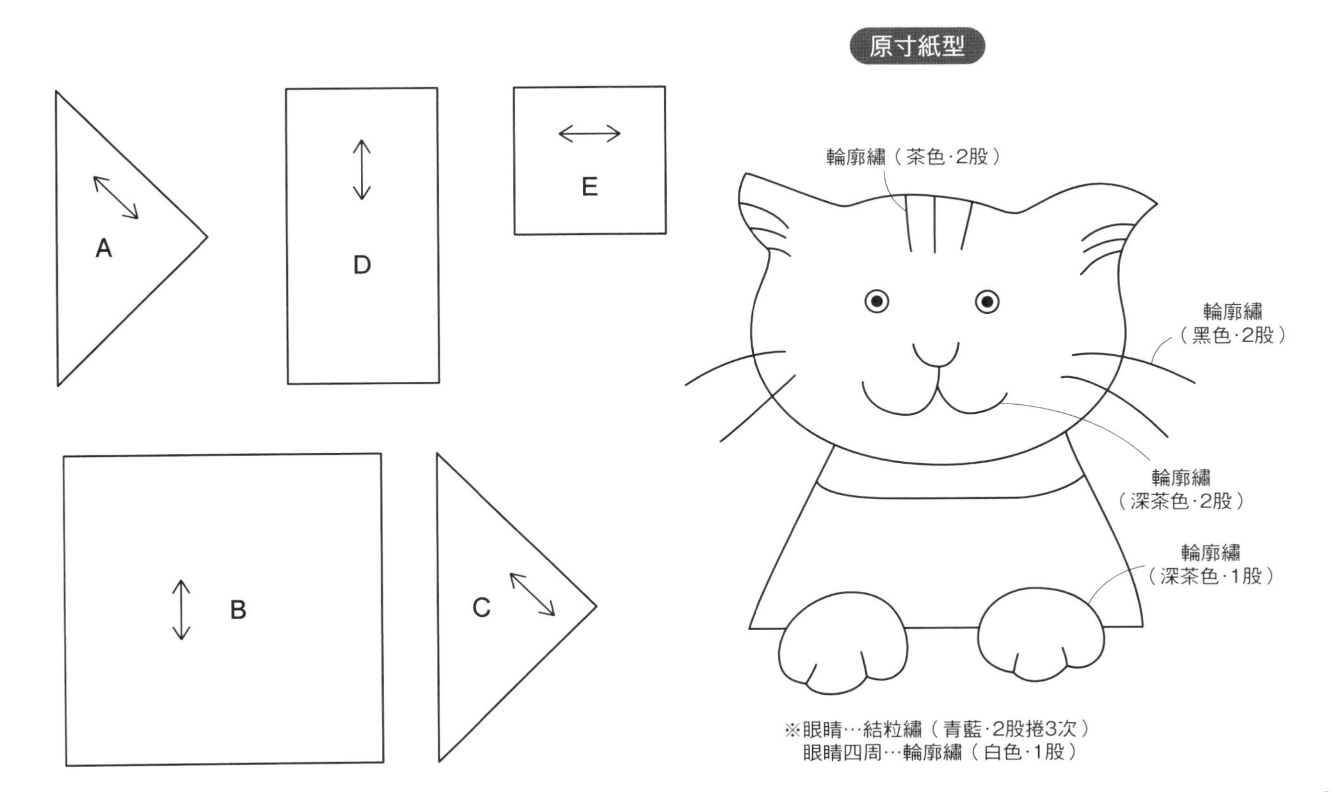

P.30作品No.23　灰鵝抱枕套

材料
拼布用布
（綠色格紋／A 20片）　30 × 25 cm
（茶色格紋／CC' 各10片）
35 × 25 cm
（小格紋／A 16片、B 48片）
40 × 25 cm
表布（印花）　35×45cm
配色布（格紋）　45×40cm
襯棉　45×40cm
裡布　45×40cm
25cm拉鍊　1條
抱枕布　65×30cm
棉花　適量
※除了指定處之外，皆外加縫份0.7cm。

製圖

前片 1片（表布·襯棉·裡布）

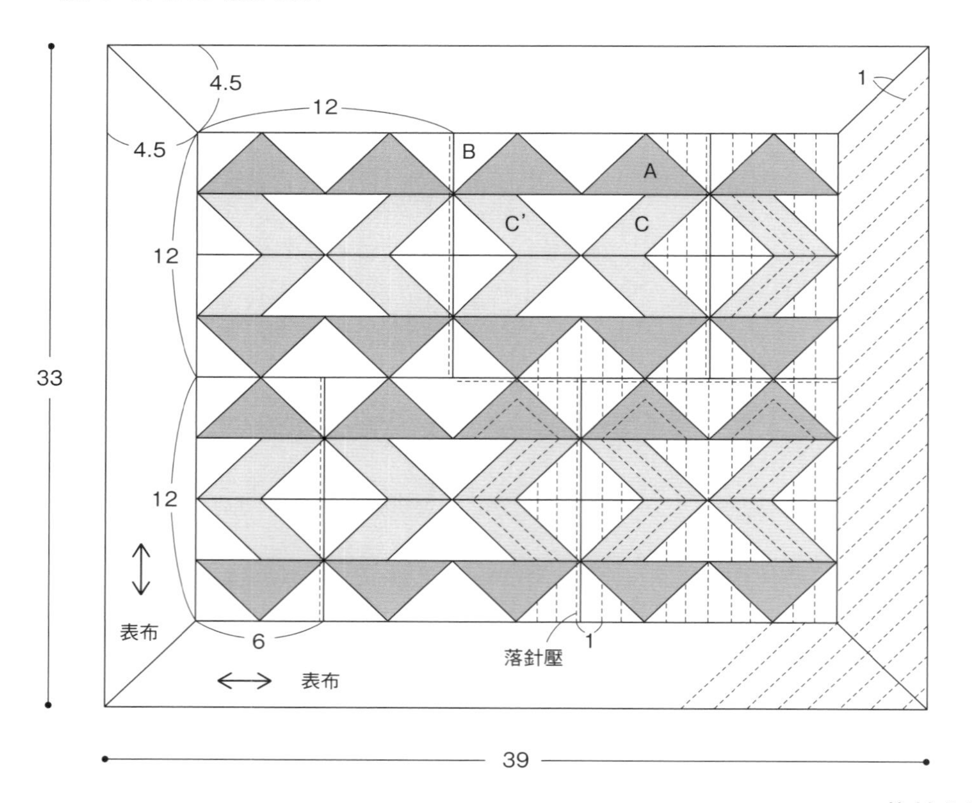

後片 2片（配色布）

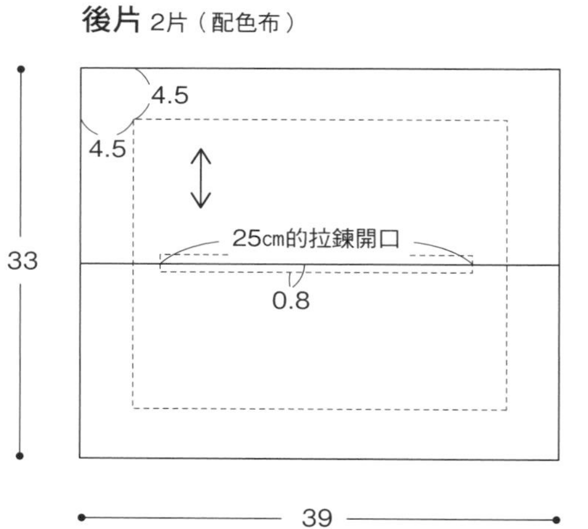

抱枕作法

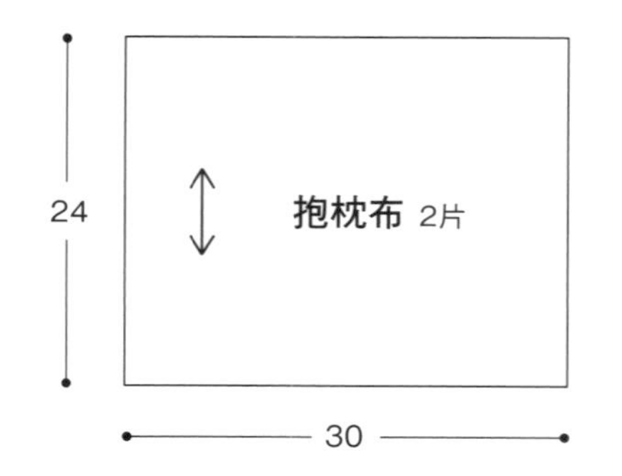

1 將抱枕布正面相對後，車縫四周。

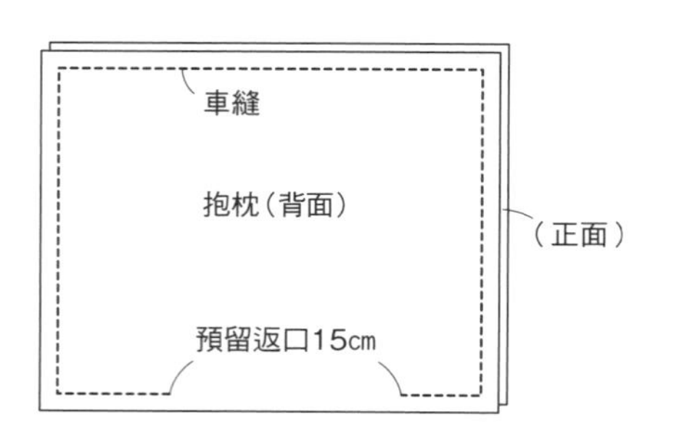

2 翻至正面，並塞入棉花。

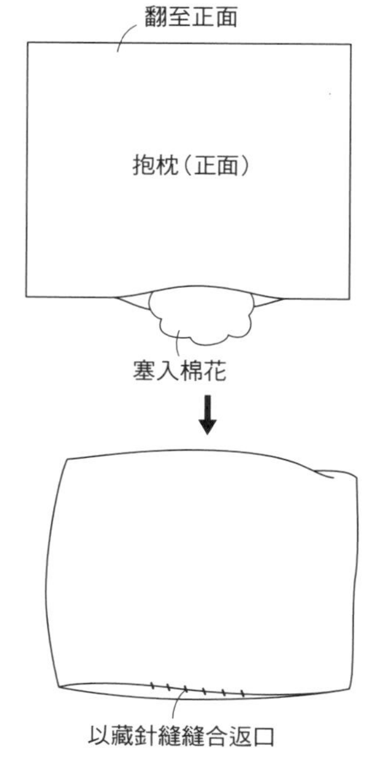

原寸紙型

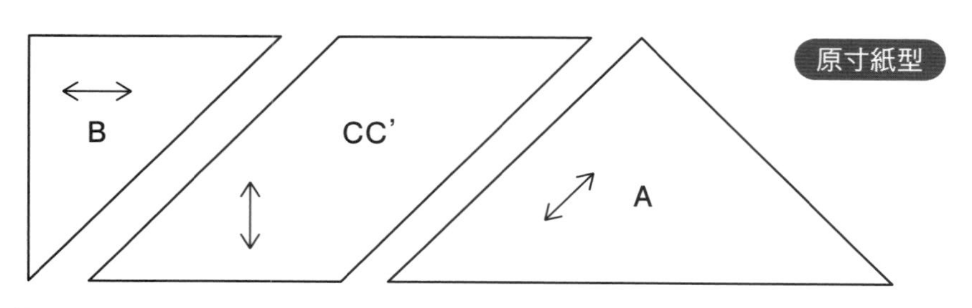

1 拼縫布片，
將縫份倒向箭頭所指方向。

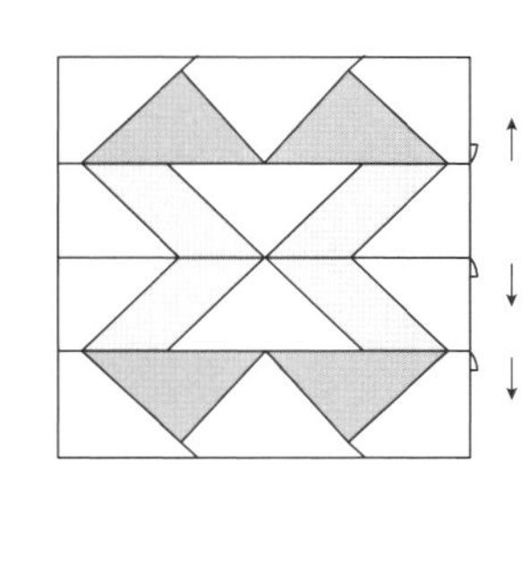

2 車縫布片與邊條，
製作表布。

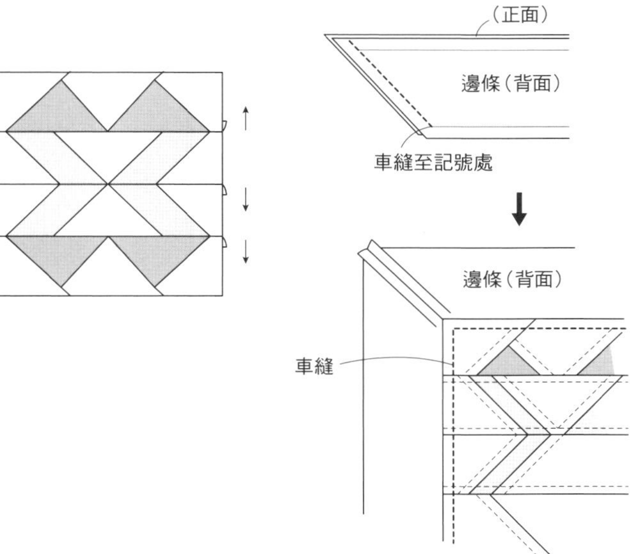

3 重疊表布、襯棉與裡布後
進行壓線。

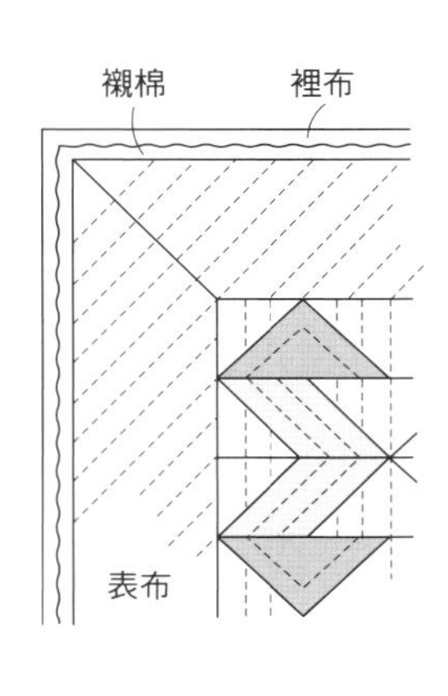

4 車縫後片中心，
並進行疏縫。

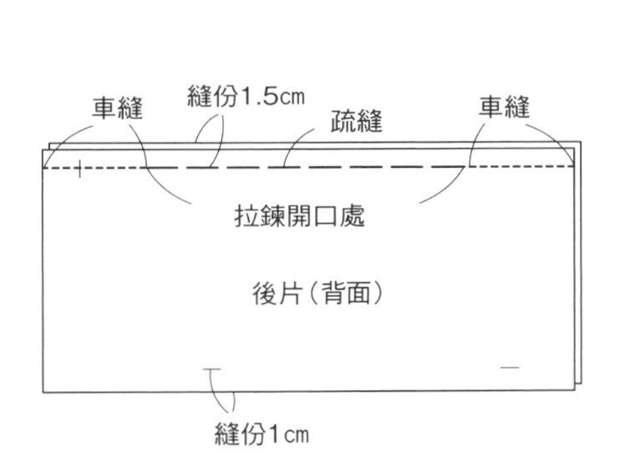

5 組裝拉鍊。

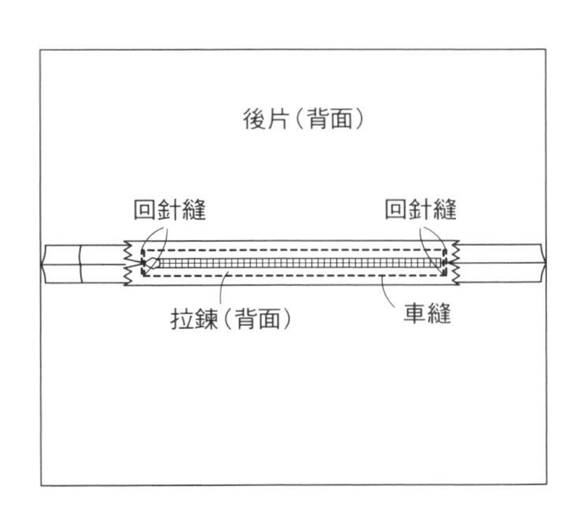

6 翻至正面，再抽掉疏縫線。

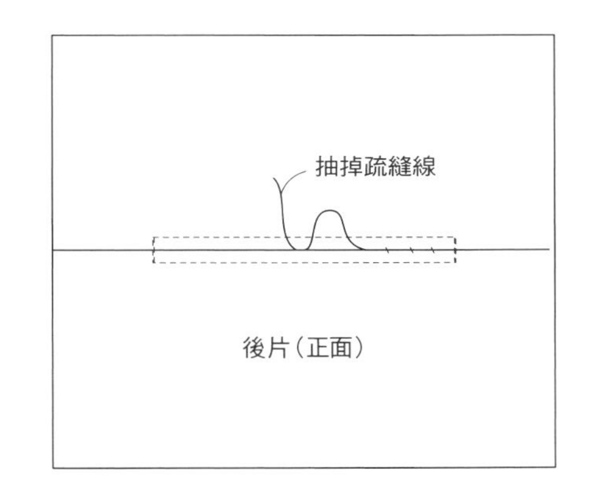

7 對齊前、後片，並車縫四周。
車縫時，可先將拉鍊稍微拉開。

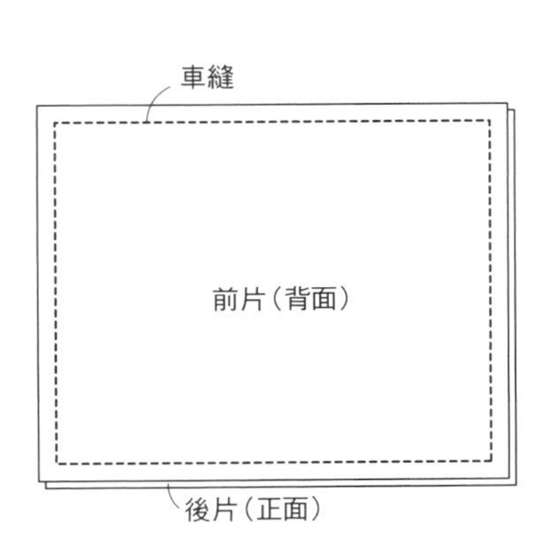

8 翻至正面，壓縫邊條的邊緣，
並放入枕心。

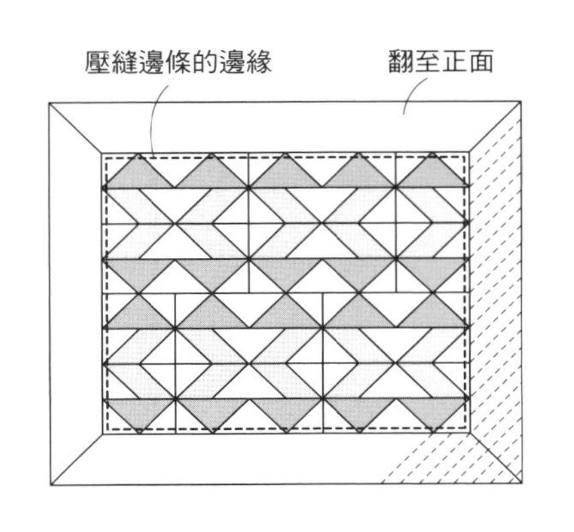

完成圖

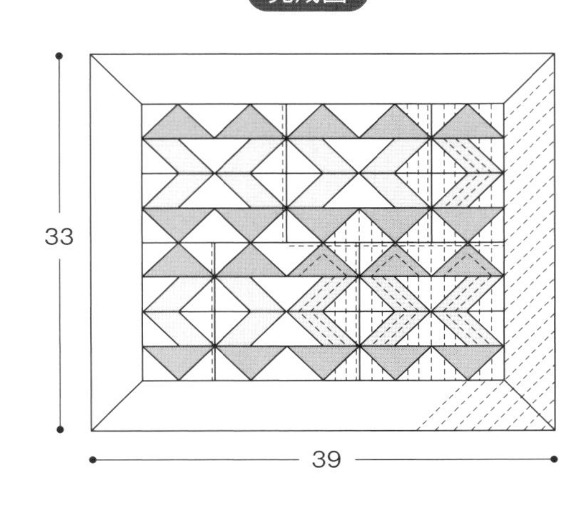

P.31作品No.24　公雞抱枕套

材料
貼布繡用布　適量
貼布繡底布（米黃條紋）　40×40cm
表布（綠色格紋）　110×45cm
襯棉　45×45cm
裡布　45×45cm
寬4cm水兵帶　170 cm
30cm拉鍊　1條
25號繡線（黑色、白色）
※使用40×40cm方形枕心
※除了指定處之外，皆外加縫份0.7cm。

製圖

前片 1片（表布·襯棉·裡布）

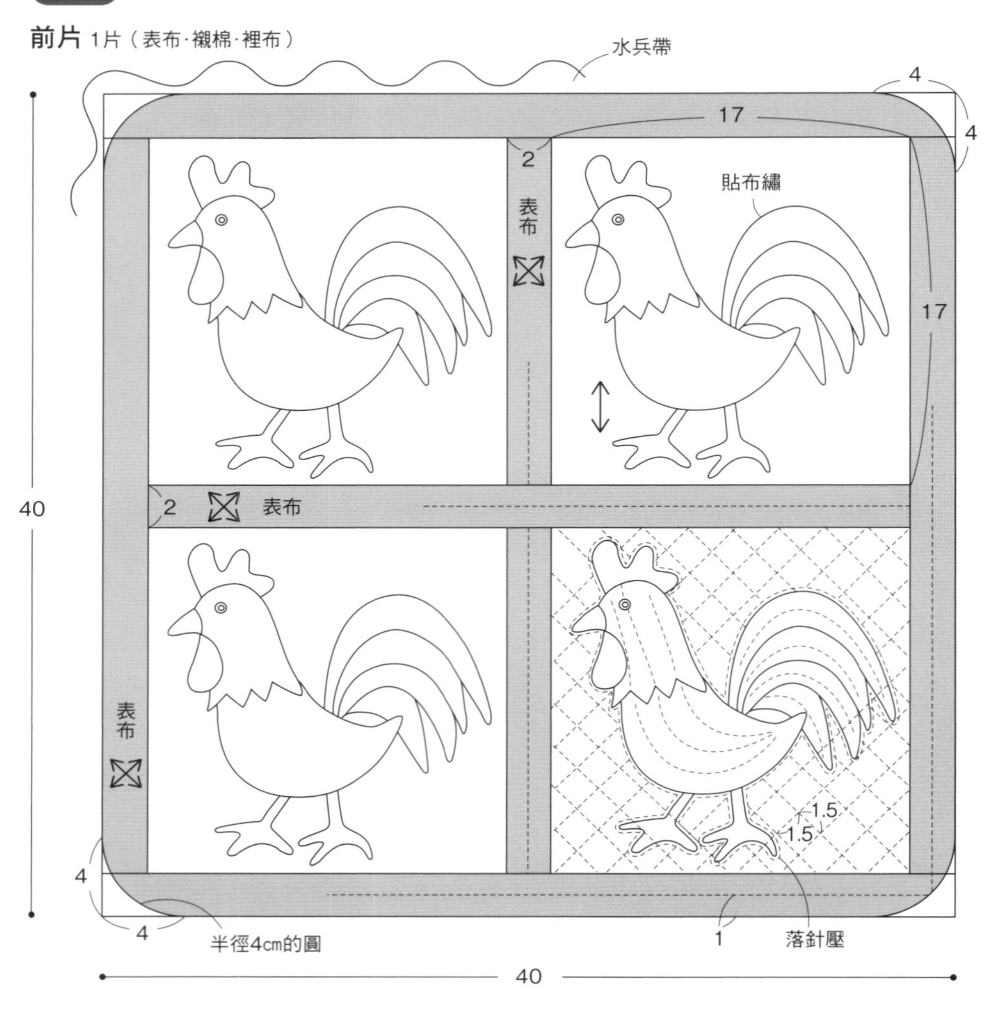

後片 2片（表布）

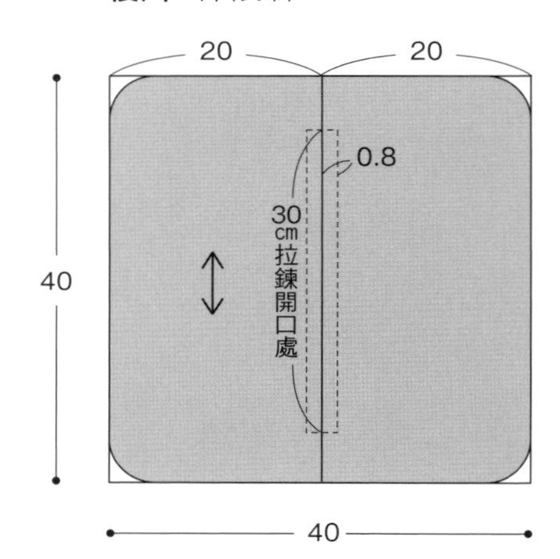

1 進行貼布繡與刺繡，再縫上邊條。
疊合襯棉及裡布後進行壓線，並於四周縫製水兵帶。

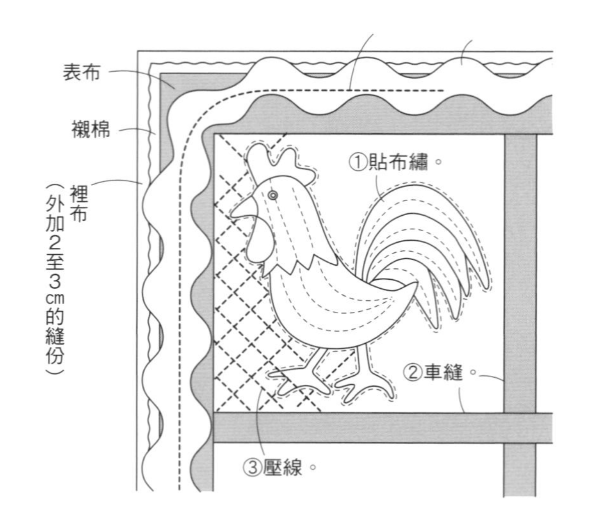

2 製作拉鍊開口處，
作法請見P.89。

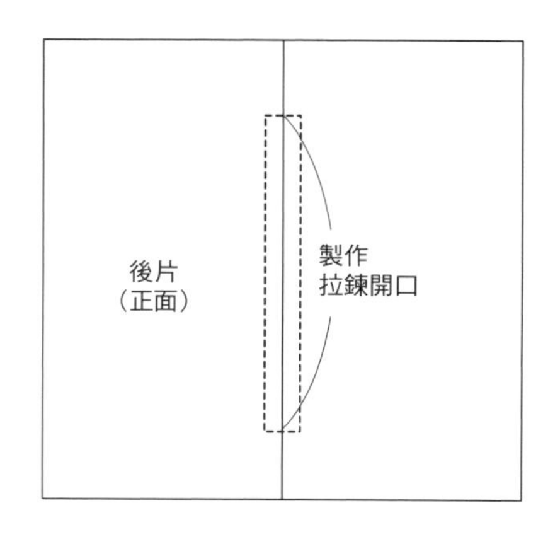

原寸紙型

3 對齊前、後片，並車縫四周。
車縫時，可先稍微將拉鍊打開。

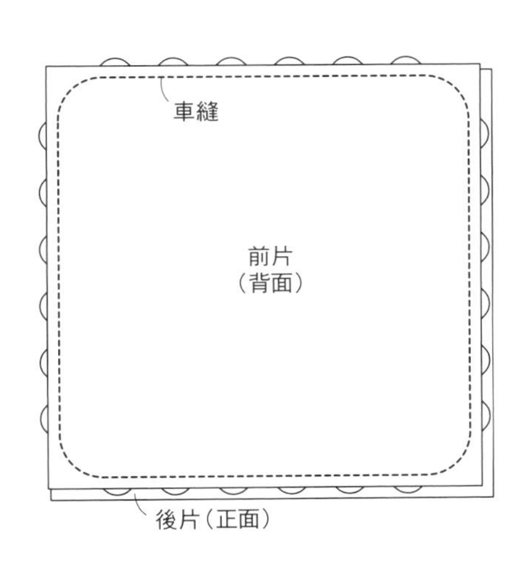

4 將前片的襯棉與表布縫份修剪至0.7cm。再以裡布包覆縫份後，以藏針縫縫合。

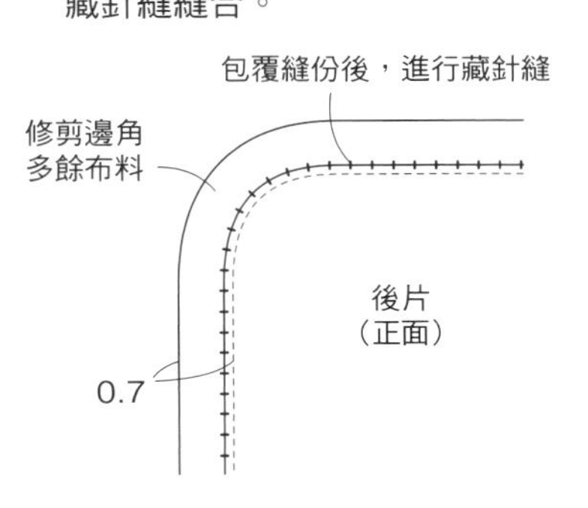

完成圖

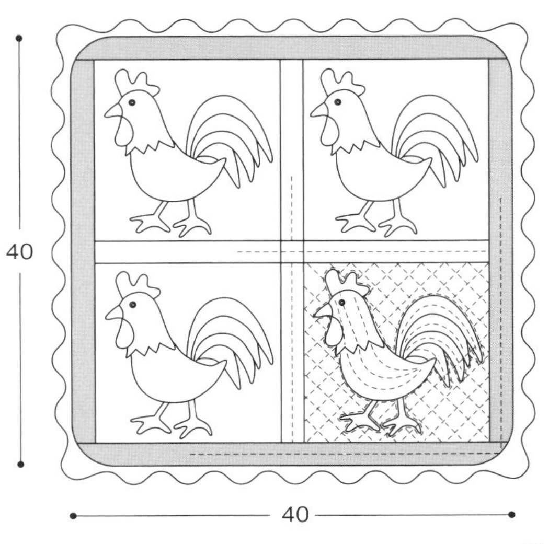

P.32作品No.25・No.26　葉片＆花朵餐墊

材料（兩者共用）
葉&花的貼布繡用布　適量
貼布繡底布（水玉圓點印花）　45×35cm
周圍貼布繡用布（格紋）　45×35cm
襯棉　45×35cm
裡布　45×35cm
滾邊用布　55×35cm
25號繡線（僅作品No.25為灰色・水藍色）
※滾邊使用3.5×140cm的斜紋布條。
※除了指定處之外，皆外加縫份0.7cm。

1 於底布周圍進行貼布繡。

2 疊合葉片與花朵，進行貼布繡及刺繡。

3 重疊表布、襯棉及裡布後進行壓線。

4 四周進行滾邊。

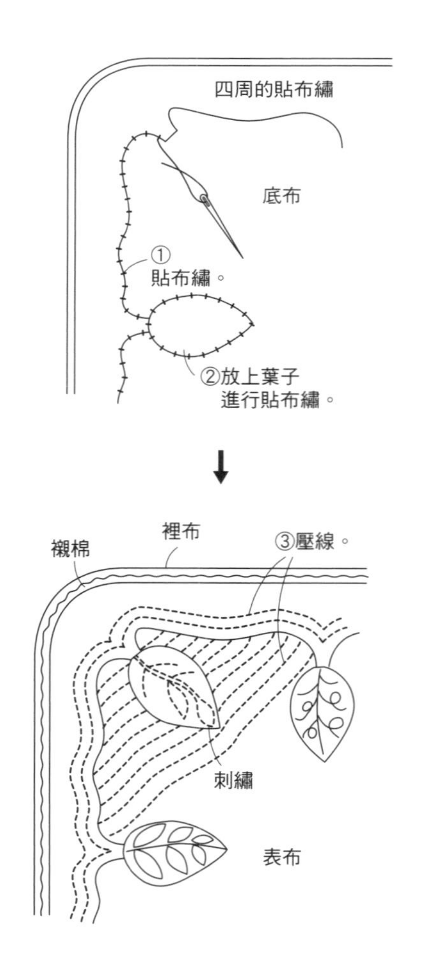

製圖

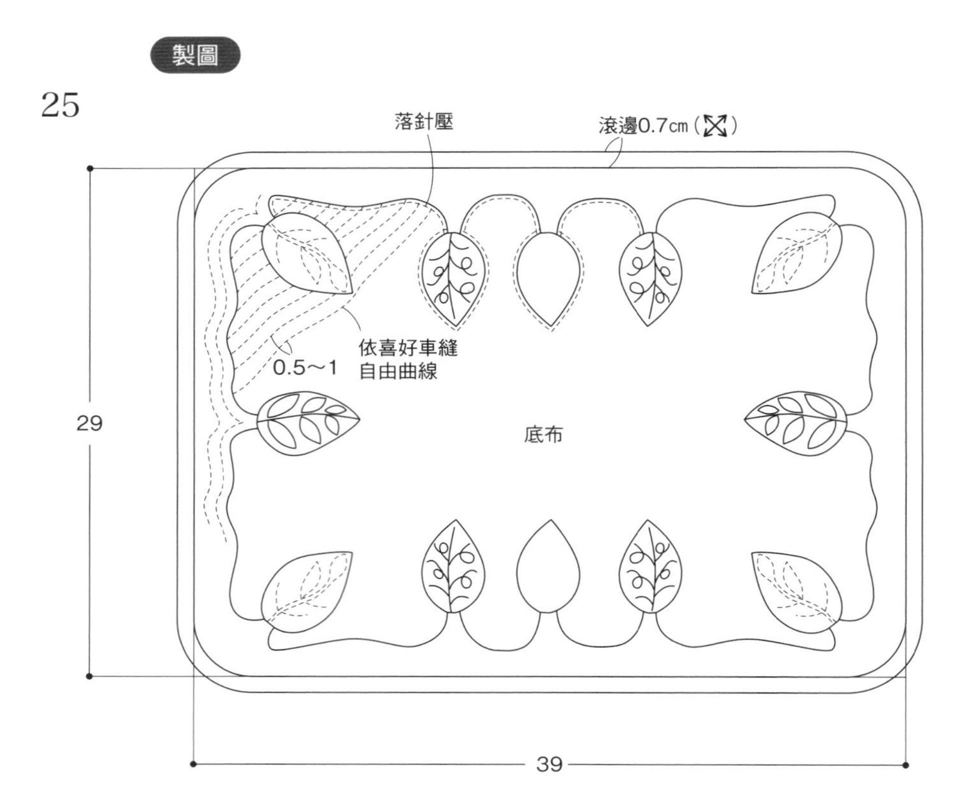

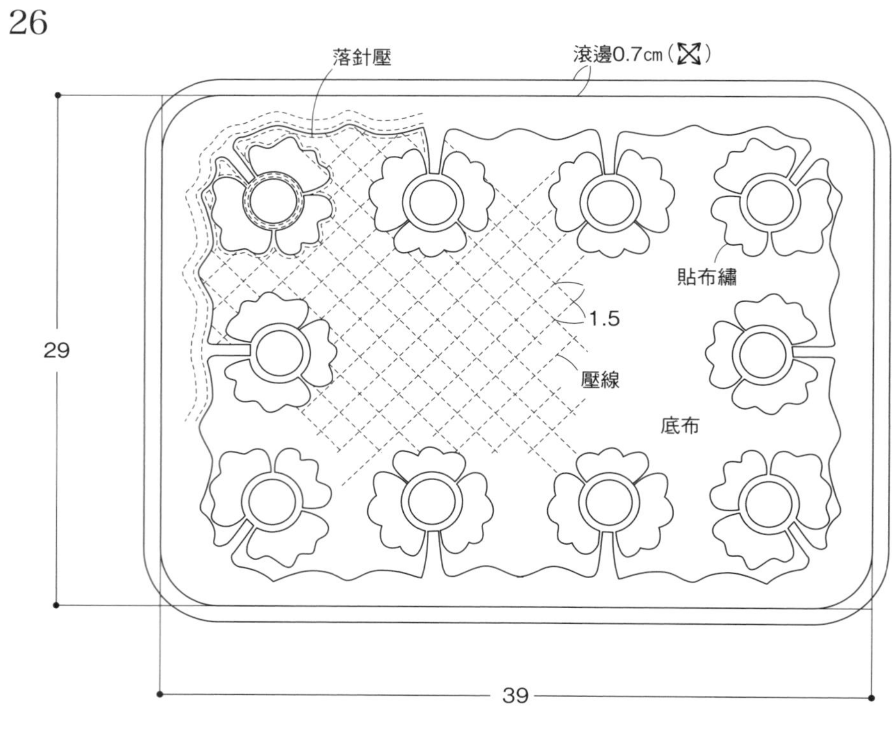

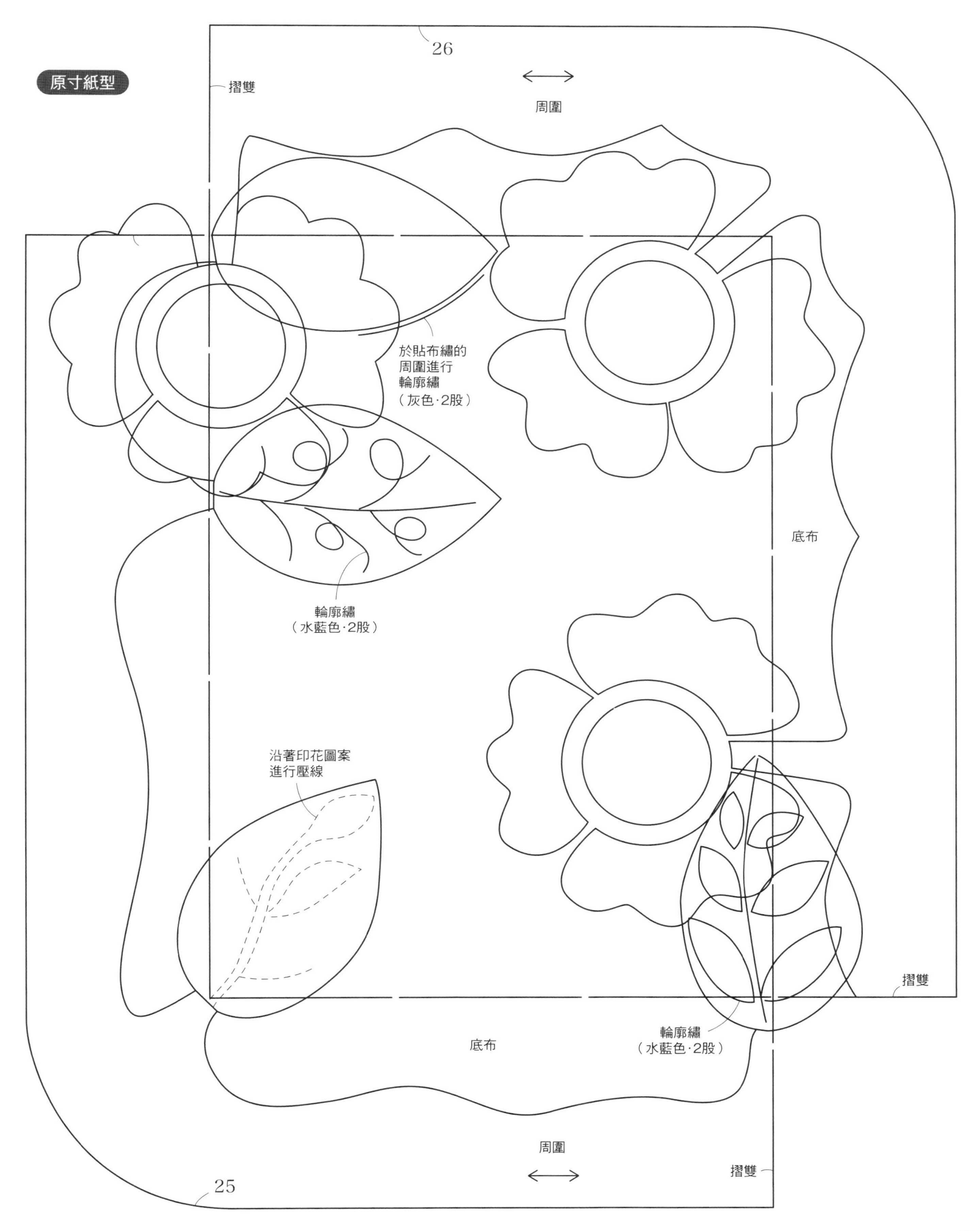
原寸紙型
26
摺雙
周圍
於貼布繡的
周圍進行
輪廓繡
（灰色·2股）
底布
輪廓繡
（水藍色·2股）
沿著印花圖案
進行壓線
摺雙
輪廓繡
（水藍色·2股）
底布
周圍
摺雙
25

P.25作品No.19　便條&筆筒

材料
人偶用拼布　合計30×20cm
前底布（米黃色）　20×15cm
側面、前片貼布繡（水玉圓點、紅褐色）　各15×20cm
後片（格紋）　20×20cm
底部及貼布繡用布（灰色素面）　20×15cm
上方的貼布繡（綠色格紋）　20×5cm
隔板A・B用布（水藍格紋）　20×30cm
襯棉　50×35cm
裡布　50×35cm
25號繡線（深茶色、白色、茶色、橘色、水藍、紅色）
厚2mm的底板（塑膠底板）
※除了指定處之外，皆外加縫份0.7cm。

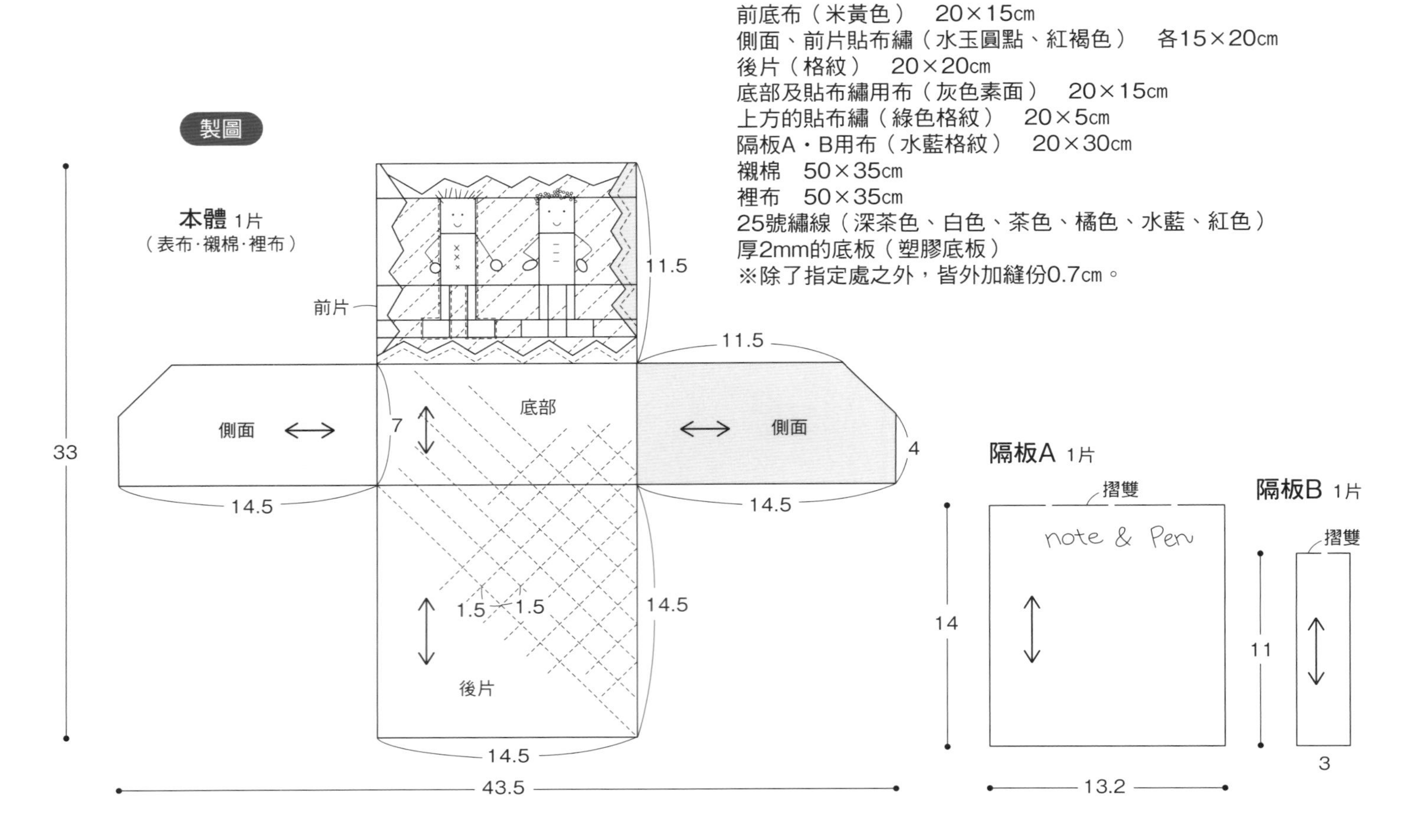

2 於前片貼布縫縫製鋸齒狀邊框。
車縫底部、側面與後片，
再疊上襯棉與裡布後進行壓線。

1 拼縫前片的人偶布片，
並將縫份倒向箭頭所指方向。

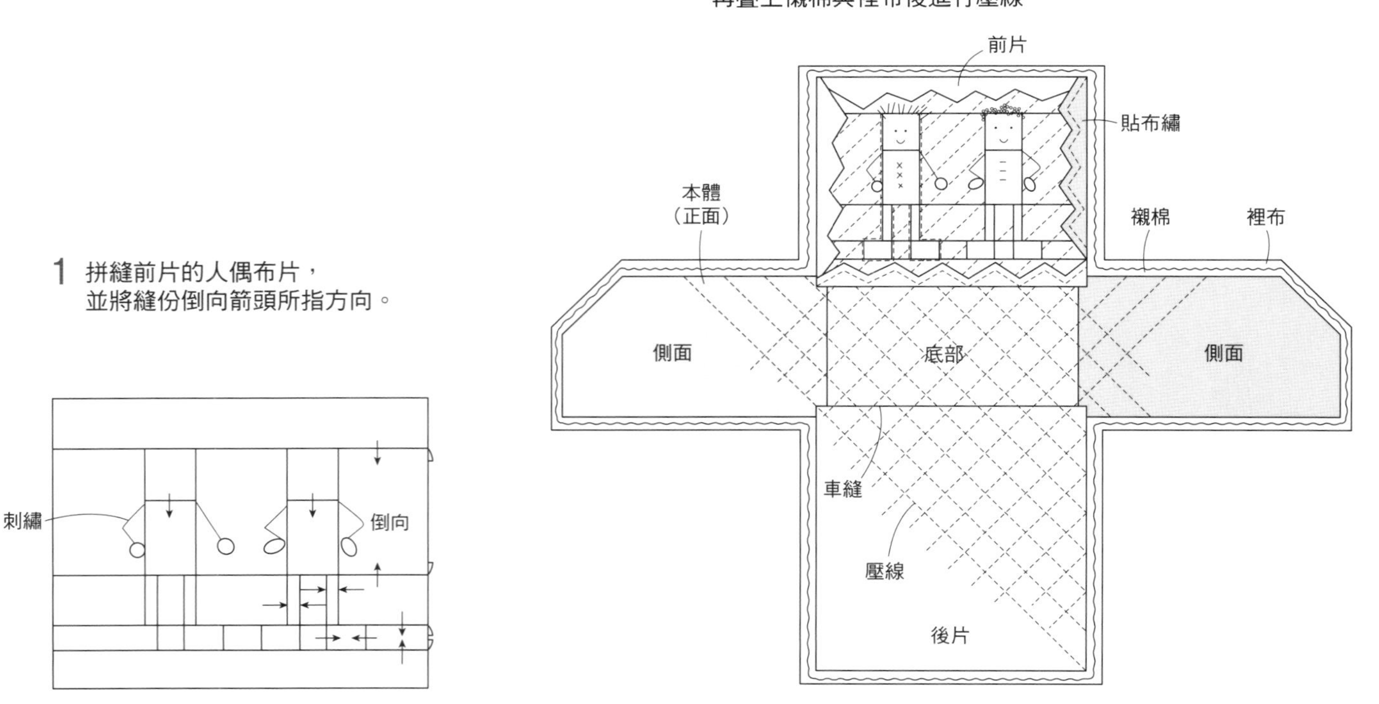

3 本體與內側正面相對疊合後，車縫四周，並於邊角剪牙口。

4 翻至正面，車縫底部三邊，再塞入底板，以藏針縫縫合各底板的塞入口。

5 車縫隔板B，並翻至正面塞入底板。

6 車縫隔板A，再翻至正面。捲起襯棉，以黏著劑輕輕黏於底板上，再塞入隔板A中。

7 以藏針縫縫合隔板A的底邊，再將隔板B縫至A上。

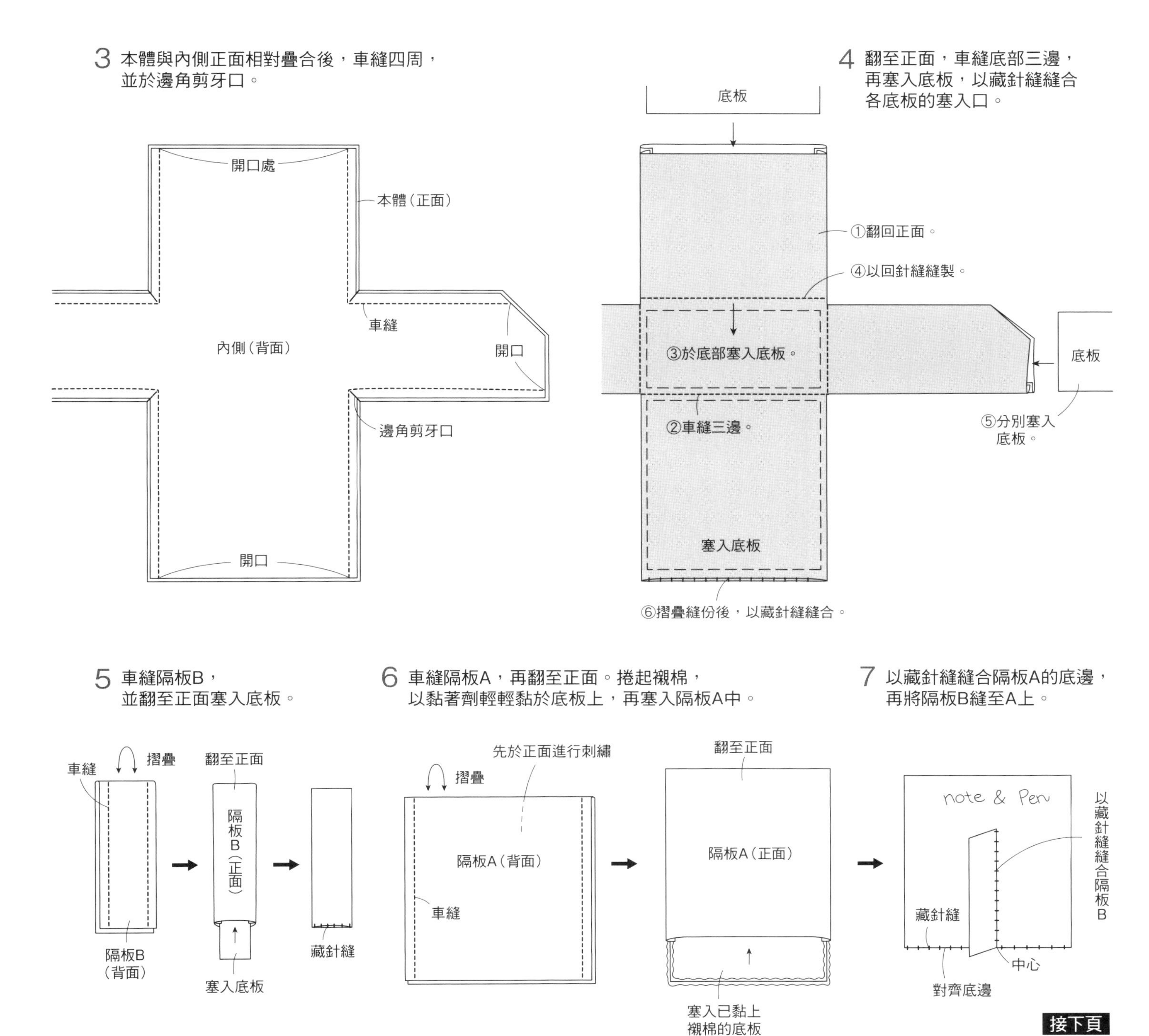

接下頁

底板尺寸

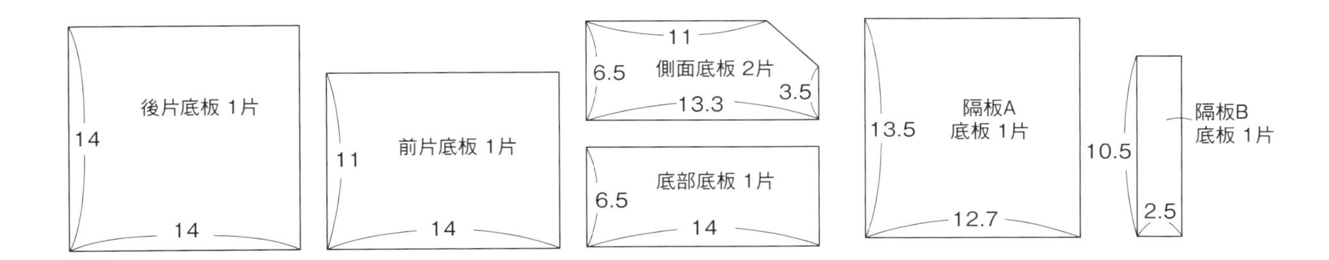

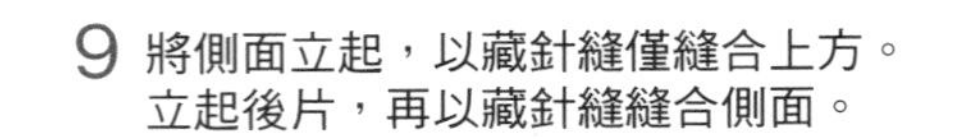

9 將側面立起，以藏針縫僅縫合上方。立起後片，再以藏針縫縫合側面。

10 將前片立起，以藏針縫縫合側面。以藏針縫僅縫合隔板B及前片上方。

8 將隔板A縫至內側布的底部。

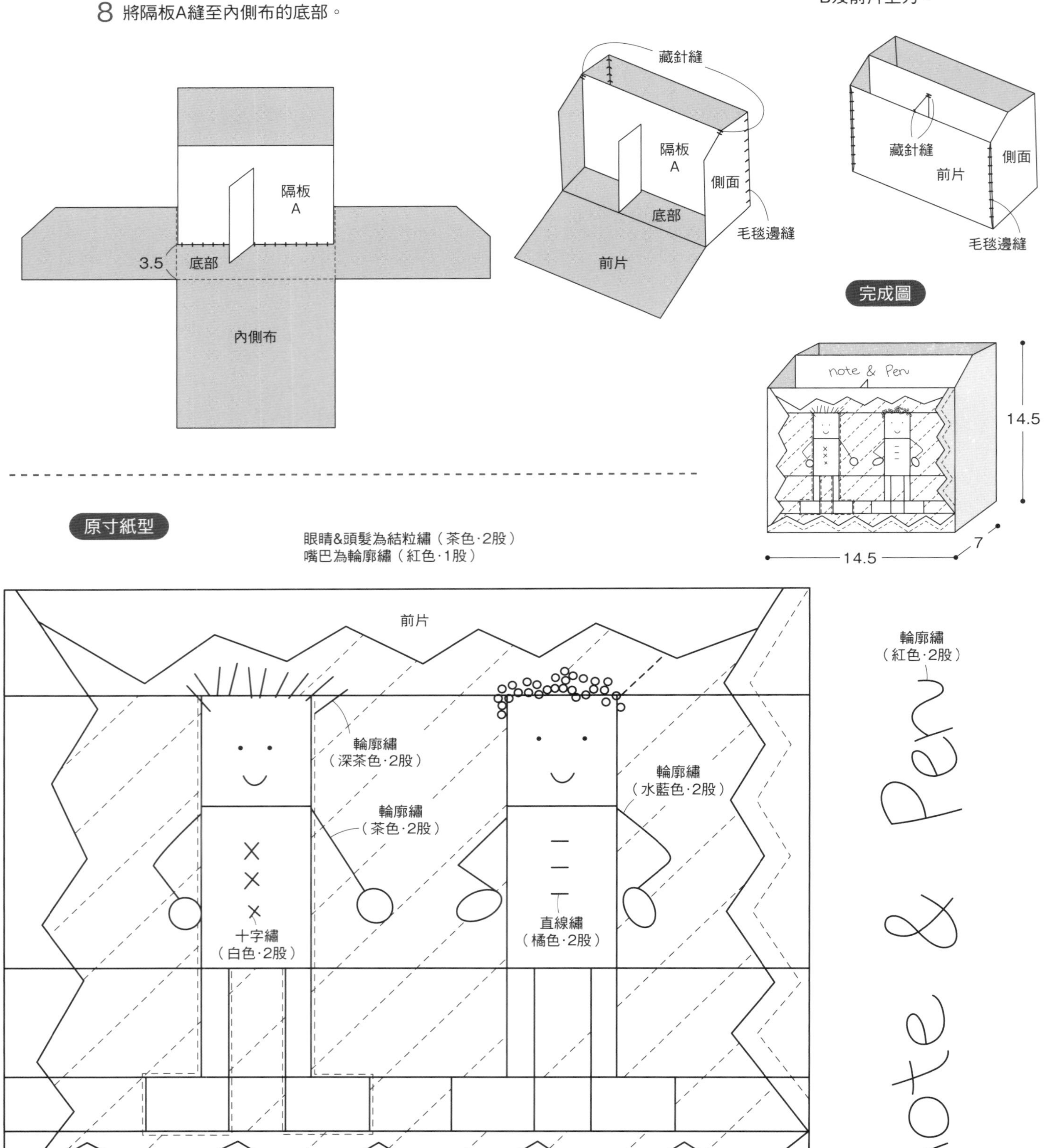

拼布美學 PATCHWORK 12

斉藤謠子の好生活拼布集：

幸福感滿點!讓人心情愉悅の隨身包・化妝包・布小物

作　　者／斉藤謠子
譯　　者／瞿中蓮
發 行 人／詹慶和
總 編 輯／蔡麗玲
執行編輯／李盈儀・黃璟安
編　　輯／林昱彤・蔡毓玲・詹凱雲・劉蕙寧
封面設計／陳麗娜
美術設計／徐碧霞・周盈汝
內頁排版／造極
出 版 者／雅書堂文化事業有限公司
發 行 者／雅書堂文化事業有限公司
郵政劃撥帳號／18225950
戶　　名／雅書堂文化事業有限公司
地　　址／新北市板橋區板新路206號3樓
電　　話／(02)8952-4078
傳　　真／(02)8952-4084
網　　址／www.elegantbooks.com.tw
電子信箱／elegant.books@msa.hinet.net

2013年04月初版一刷　定價 380 元

Lady Boutique Series No.3494
SAITOYOKO NO PATCHWORK MAINICHI NO BAG POUCH KOMONO

Original Japanese edition published in Japan by BOUTIQUE-SHA.
Chinese（in complex character）translation rights arranged with BOUTIQUE-SHA
through KEIO CULTURAL ENTERPRISE CO.,LTD.

總經銷／朝日文化事業有限公司
進退貨地址／新北市中和區橋安街15巷1號7樓
電話／（02）2249-7714　傳真／（02）2249-8715

星馬地區總代理：諾文文化事業私人有限公司
新加坡／Novum Organum Publishing House (Pte) Ltd.
20 Old Toh Tuck Road, Singapore 597655.
TEL：65-6462-6141　FAX：65-6469-4043
馬來西亞／Novum Organum Publishing House (M) Sdn. Bhd.
No. 8, Jalan 7/118B, Desa Tun Razak, 56000 Kuala Lumpur, Malaysia
TEL：603-9179-6333　FAX：603-9179-6060

Staff
編輯／和田尚子・三城洋子
攝影／安田仁志
書籍設計／たけだけいこ（オフィスケイ）
繪圖／小崎珠美

國家圖書館出版品預行編目(CIP)資料

斉藤謠子の好生活拼布集：幸福感滿點！讓人心情愉悅の隨身包・化妝包・布小物 / 斉藤謠子著；瞿中蓮譯. -- 初版. -- 新北市：雅書堂文化, 2013.04
面；　公分. -- (Patchwork 拼布美學；12)
ISBN 978-986-302-102-5(平裝)
1. 拼布藝術 2. 手工藝
426.7　　102002135

斉藤謠子（Saito Yoko）

拼布作家。
以溫暖的深色調與精緻的縫紉功力見長，使斉藤謠子的創作不只在日本，連海外也擁有眾多粉絲。除於千葉縣千川市經營「Quilt Party」，並擔任拼布教室與通訊講座的講師，作品散見《すてきハンドメイド》雜誌等媒體，近來則致力於海外作品發表及研習會。著作甚豐，包括《齊藤謠子の拼布花束創作集》、《齊藤謠子の異國風拼布包：21 款不可錯過的手感旅行布作》、《齊藤謠子的提籃圖案創作集：微醺原色＆溫醇手感交織而成的 31 款經典布作》等。

拼布美學 01

斉藤謠子の提籃圖案創作集

定價：550 元

19×26cm・112 頁 ・ 單色 + 彩色

斉藤謠子數十年的創意能量一次爆發，將溫潤優雅的藤籃意象巧妙的融入布作，與輕柔布料呈現最完美的搭配。

拼布美學 02

斉藤謠子の不藏私拼布入門課

定價：450 元

21×26cm・96 頁 ・ 單色 + 彩色

大師親自教授多種拼布圖案和基本技巧，由簡而難的漸進式圖解教學，Step by step 讓你輕鬆學會拼布。

拼布美學 03

斉藤謠子の不藏私拼布課
Lesson 2

定價：450 元

21×26cm・96 頁 ・ 單色 + 彩色

多種拼布圖案製作技巧，以漸進式圖解教學，並有進階技巧和小物作品示範，帶你一起領會充滿樂趣的拼布創作！

拼布美學 07

中島凱西的閃亮亮
夏威夷風拼布創作集

定價：480 元

21×26cm・112 頁 ・ 單色 + 彩色

運用夏威夷拼布、貼布縫、拼布縫及彩繪玻璃風拼布等四種技巧，最後沿著花樣燙上水鑽，就成了獨特的「閃亮亮拼布」。

拼布美學 08

斉藤謠子の異國風拼布包

定價：480 元

21×26cm・112 頁 ・ 單色 + 彩色

本書精選了五個帶給斉藤老師源源不絕的創意與靈感的國度，透過一貫的高雅色調與精巧刺繡搭配，完美詮釋獨特風情。

拼布美學 09

無框 ・ 不設限：突破傳統
拼布圖形的 29 堂拼布課

定價：480 元

21×26cm・112 頁 ・ 單色 + 彩色

書中作品由淺入深，藉由基礎的幾何圖形，帶領讀者進入無邊際的創作，讓作品更加生動有趣，充滿濃厚的手作感。

拼布美學 04

從基礎學起！
斉藤謠子の不藏私拼布課
定價：450 元
21×26cm・95 頁 ・ 單色＋彩色
本書除了介紹正方形、長方形、瘋狂拼布等基本圖形，每一款作品皆附上詳細製圖，拼布技巧不藏私完全收錄！

拼布美學 05

斉藤謠子の不藏私拼布課
Lessons 3
定價：450 元
21×26cm・96 頁 ・ 單色＋彩色
本書介紹 20 種基礎刺繡技法，雛菊繡、十字繡、羽毛繡、緞面繡……教你如何與拼布圖形搭配運用！

拼布美學 06

斉藤謠子の羊毛織品拼布課
定價：450 元
21×26cm・96 頁 ・ 單色＋彩色
以質地厚實的羊毛完成的拼布作品，完整解析 34 款拼布人一定要學的手提包 ・ 掛毯&羊毛織物拼布技巧。

拼布美學 10

斉藤謠子の拼布花束創作集
定價：580 元
21×26cm・112 頁 ・ 單色＋彩色
本書結合了刺繡、貼布繡、立體花……等製作技巧，呈現花朵們的嬌媚姿態，不須太多炫麗的色彩就能呈現花束專屬的美麗。

拼布美學 11

復刻╳手感
愛上棉質印花古布
定價：480 元
19×26cm・112 頁 ・ 單色＋彩色
書中以老師獨家設計布料，為作品添加不同的古典色彩，仿古布質感讓作品顯得更有味道，更獨家公開布料設計過程，相當值得收藏。

拼布美學 12

斉藤謠子の好生活拼布集
幸福感滿點！讓人心情愉悅的隨身包・化妝包・布小物
定價：380 元
21×26cm・96 頁 ・ 單色＋彩色
本書介紹多款讓人每天都想使用的拼布作品，並以新手也能輕易挑戰、小巧容易製作的設計為主要特點。

Patchwork Quilt
by Yoko Saito